◆ 中学生之友丛书 ◆

谁 烦 恼

——一个心理学家与中学生的对话

张嘉玮 / 著

北方妇女儿童出版社

图书在版编目（CIP）数据

谁烦恼：一个心理学家与中学生的对话／张嘉玮著.—2版.—长春：北方妇女儿童出版社，2011.9

ISBN 978 - 7 -5385 -2009 -5

Ⅰ.①谁… Ⅱ.①张… Ⅲ.①中学生—心理健康—健康教育

Ⅳ.①G479

中国版本图书馆 CIP 数据核字（2011）第 179975 号

谁烦恼

——一个心理学家与中学生的对话

作　　者：	张嘉玮
责任编辑：	师晓辉
出版发行：	北方妇女儿童出版社
	（长春市人民大街 4646 号　电话：0431 - 85640624）
印　　刷：	北京嘉业印刷厂
开　　本：	650mm×960mm　1/16
印　　张：	13
字　　数：	185 千字
版　　次：	2011 年 9 月第 2 版
印　　次：	2016 年 7 月第 3 次印刷
书　　号：	ISBN 978 - 7 -5385 -2009 -5
定　　价：	25.80 元

目　录

摆脱烦恼（代序）

一粒种子撒在田间，在阳光雨露的滋润下，随着昼夜的更替、慢慢地扎根、破土发芽、结出沉甸甸的果实。

人从母腹中呱呱坠地，随着地球的自转，沿着自我实现的趋向，不知不觉地便告别了童年，变成了充满青春活力的青少年。

生活在中学时期的青少年，犹如早晨八九点钟的太阳，生机勃勃、火辣辣、金灿灿。他们刚步入赤橙黄绿青蓝紫的多彩人生，社会已为他们建成了大有用武之地的广阔舞台。未来的世界属于他们，社会靠他们创造奇迹、民族靠他们扬起昌盛的风帆。

处于动荡期的青少年，和同学在一起时像生活在氧气瓶中有说有笑，单独一人时却如落在深渊一愁莫展。

走在雨季的青少年，胸中装满了忧愁和苦闷，他们看周围的一切都不顺眼，会从心底里呐喊："烦……"这是他们成长的特殊时期，是冲破黎明前的黑暗。

人的成长过程是个适应的过程，在中学阶段青少年出现的烦恼，说到底是适应不良的表现。

随着现代化社会的高速发展，社会结构、生活环境、生活方式、价值观念和行为模式都在发生翻天覆地的变化，致使中学生一时应接不暇、很难适应，便产生了这样或那样的烦恼。

本来，随着岁月的流逝，他们的身体长高长壮，器官成熟是自然规律，由于青春发育期他们的身体发生着急风暴雨般的骤变，一时不能适应而产生了烦恼。

有人说初中阶段是人生的"十字路口"，高中阶段是"灰色的学校时代"。当今，初中生和高中生的学习仍受中考和高考指挥棒的影响，他们的学习负担十分沉重。名目繁多的模拟考试，铺天盖地的练习题压得他们喘不过气来，带给他们的是烦恼。

在激烈的学习竞争中，团结友爱的同学关系被扭曲，平等的师生关系被破坏，就连密切的亲子关系也变得异常。这错综复杂的人际关系又为他们增添不少烦恼。

泡在烦恼中的青少年，应了解烦恼是他们的财富，烦恼使他们长大，烦恼预示着他们成熟。

青少年朋友排除烦恼的惟一秘诀是要学会做自己的朋友。

首先，要学会接纳自己。为自己体貌烦恼的青少年，一般认为别人会因其体貌不佳而有偏见。事实是这样吗？心理学研究表明：同陌生人初次接触的时候，体貌特点会影响到对方的第一印象。比如说，英俊漂亮的人容易得到别人的信任和帮助。但是，随着接触的深入，体貌的影响会变得越来越小，而内在的品质的影响会变得越来越起作用。同伴们更希望自己的朋友是开朗的、坦率的、有责任心的，而很少要求自己的同伙是英俊的、健美的等等。

因此，影响别人对自己的态度因素，并不在于其体貌本身，关键在于自己对自己体貌的态度，即学会接纳自己的体貌。

拒绝自己的人是世界上最不幸的人，他们始终做自己的敌人，阻碍自己获得幸福，更无法体验到接纳自己的轻松感和满足感。

青少年朋友，要学会全面看待自己、全面接纳自己。

其次，不寻求他人的赞许。青少年愿意被别人喜欢或赞扬，喜欢受他人赞许。英国流传一个"猫捉尾巴"的故事：一只小猫在拼命地原地打转儿。老猫看见了，问道："宝宝，你在干什么呢？"小猫回答说："爸爸，我听说尾巴是猫的幸福的根源，如果抓到了尾巴就得到了幸福，所以我想捉住它。"老猫沉思地望着天空，过了一会儿，低头对小猫说："年轻的时候我也像你这样想过，但总是捉不到自己的尾巴。现在我明白了，根本不必去捉它，这样，无论我走到哪里，尾巴都在身后跟着我。"

他人的赞许正如猫的尾巴。人刻意追求的时候往往得不到，不在乎的时候又会自然到来。青少年朋友，去按照自己的标准行动吧，不要在乎别人会怎么说。只要自己做得对，迟早会得到同伴的理解和赞同。

再次，学会欣赏自己。青少年朋友，学会欣赏自己是消除烦恼走向成功的关键一环。要学会以乐观的态度接受自己的优点和缺点，对自己感到满足并充满信心。

怎样学会欣赏自己呢？

经常总结自己的优点，不妨把它列成个单子，隔段时间再总结一次，看看单子上的优点是否有所增加。

友好地对待自己，当自己获得了小小的成功，别忘了奖励自己；当感到疲惫的时候，给自己放个小假休息一会儿；在节日里送给自己一件心爱的礼物。

青少年朋友，请不要悲伤，不要着急，烦恼即将过去，快乐即将来临。等待你们的是一片晴朗的天空，朝霞万朵。

作　者

来自身体的烦恼

有人称初中期为少年期，高中期则为青年初期，少年期和青年初期又统称为青春发育期。从人的身体发育来看，从少年期开始发生疾风暴雨般的变化，身体外形和生殖器官等发生着剧变。到青年初期才逐渐进入了相对稳定的阶段，也就是趋于定型的阶段。

处于青春发育期的初高中生，急切地关注自己身体的变化。对于突如其来的身体的急骤变化，由于他们缺乏必要的心理准备而出现惶惶不安。

因此，初高中生了解自己身体发展变化的特点和规律是十分必要的。这对于他们健康成长有着不容忽视的作用。

有苗不愁长

张老师:

今年秋天我升入了初中一年级,开学一个多月来,中学的学习生活使我感到新鲜、充实。最令我苦恼的一件事就是自己的个子很矮,刚到1.4米,不仅在全班的男生中是最矮的一个,就是全校男生中也没有比我再矮的了。

因为我的个子矮,最近发生了两件不愉快的事:一件事是上周五下午,学校发给每个同学一张注射乙肝疫苗卡,让自己到市防疫站去注射。我到防疫站时已是下午4点35分了,我们学校的同学早已注射完都回家了。我只好排在二中同学的队伍里,不一会儿,一位护士走过来,把我从队伍里揪出来说:"今天给中学生注射,小学生周一再来。"我很有礼貌地一边递给她注射卡一边说:"阿姨,我是中学生……"没等我说完,她就很生气地说:"注射卡上又没有照片,谁能证明你是中学生……"幸亏我们学校的校医从屋里走出来,对那位护士说:"他是我们学校的新生,入学体检复查时,我也误认为他是小学部的学生了。"这才算给我解了围。

另一件事是昨天早晨,上学的路上我遇见了魏国柱同学,他身高1.79米,长得又很强壮。我和他一边走,一边做"背单词游戏",他说一个汉文,我翻译成英文,如果翻译对了,我再说一个汉文,他再翻译成英文。如果谁翻译错了就罚谁背两个人的书包。开始,我一直取胜,他背了好长时间的书包。走到师院门口时,他一下子赢了一次,当他把书包塞给我时,两个大学生横眉冷对地朝他说:"你那么大个子怎么欺负小学生呢?"说着在我身上取下一个书包扔给他。当时,我不好意思地走开了。

一天晚上，我很伤心地把这两件事告诉了爸爸妈妈，他们为此也很难过。

妈妈说我出生时 7.8 斤，长得又白又胖，直到 1 周岁时都比同龄孩子稍高些。小学三年级后发现我长得比其他孩子慢些，小学五年级时我的身高体重均明显低于同龄孩子。爸爸妈妈曾到儿童医院咨询过几次，医生们说这是晚熟现象。

爸爸说他小时候个子就很矮，别人叫他"小豆豆"，上初三以后他才雨后春笋般地长了起来。

张老师，听过爸爸妈妈的话，我的心情好多了，但我还有些半信半疑，您说我能长高吗？怎样才能使我长得更快些呢？

南京　冯宁生

冯宁生同学：

俗话说"有苗不愁长"，初中生在身体发育上存在着早熟和晚熟现象，主要表现在身体发育高峰出现的时间有早有晚，发展的速度也有快有慢。从信中得知，你的身体生长状况属于正常现象，请不必为此而苦恼。随着时间的流逝，你定会成为顶天立地的男子汉的。

每个人从出生到成熟大约需要 20 年左右的时间，其中要经历两个生长高峰。第一生长高峰发生在出生的第一年，在一年左右的时间里身高一般增加 50% 以上。以后生长速度相对减慢，每年平均增长 4.74 厘米。第二生长高峰出现于初中阶段，在这个阶段，初中生身高增长异常迅速，每年至少要长高 6—8 厘米，有的可达到 10—11 厘米。

男女生身高的变化是有差异的。男生进入身高加速期的平均年龄是 13 岁左右，14 岁左右达到最高峰。然后，生长速度逐渐下降，到 15 岁左右，又退回到青春发育期以前的生长速度。在整个初中阶段，一般男生身高平均增长为 28 厘米。

女生的这一生长过程要早于男生两年左右。她们一般从 9 岁左右进入身高生长加速期，12 岁左右达到最高峰。女生在初中时期内，身高大约平均增长为 25 厘米左右。

初中生身高增长的时间和速度存在着明显的个体差异。这种差异不仅存在于男女同学之间，也存在于城乡之间、地区之间，甚至存在于同一班级的同学之间。例如，有些男生的第二生长高峰开始于 10.5 岁；有些则退至 16 岁左右。有些女生的第二生长高峰开始于 7.5 岁；有些则可晚到 11.5 岁。但这种差异均属正常范围。

初中生身高迅速增长的主要原因是由于他们躯干和腿骨的变化。初中时期激素活动加强，促进了软骨的生长，从而导致了身高的增长。

初中生体重的增长也是比较显著的。在青春发育期之前，儿童体重平均每年增加 2.38 公斤左右，进入初中阶段后，体重平均每年增加到 4.62 公斤左右。男生在 13—15 岁之间，体重增加最快，平均每年增 5.5 公斤左右，14 岁达到顶峰。15 岁后增长速度开始下降。女生在 11—14 岁之间，体重增加较快，平均每年增长 4.4 公斤左右。13 岁为增长高峰。14 岁后增长速度又开始下降。初中三年级以后男女生的体重已接近成人。

因为体重的增加受营养条件和健康状况的影响，有些同学因营养过剩，从食物中摄取的糖类和脂肪物质过多，因而形成了小胖墩式的体形。还有一些同学，尤其是男同学，由于身高增长速度迅猛，肌肉增加较快，肌纤维会因缺乏营养而变得过细，因而形成豆芽菜式的体形。这也是初中男生为之苦恼的问题。

安辉小学时是班级里出名的"小不点"，上课坐在第一排，出操列队或上体育课也总是排头兵，为此，爸爸妈妈都很着急。

小学毕业的暑假，爸爸考取了美国的博士后。在机场送行时，安辉依在妈妈的怀里，和爸爸一起去美国的一位叔叔还误认为他是小学一二年级的学生呢！

上初中后，安辉像气吹的一样，几乎天天拔高，不到两年的时间，他长了 30 多公分，身高 1.79 米。但是他只长高不长宽，活像棵豆芽菜。由此，同学们给他起了个"豆芽菜男子汉"的绰号。

安辉对自己的瘦高型体态思想包袱很重。他给爸爸的信中写到："爸爸：过去我为自己的个子矮很苦恼，现在长高了，同学们都叫我

'豆芽菜'，何时我才能长成真正的男子汉呢⋯⋯"

　　无论是豆芽菜型还是小胖墩型的初中男生请不要悲伤，也不要着急。因为初中时期还处在身体外形变化的时期。只要经过自己的努力，体态仍会发生变化。改变豆芽菜或小胖墩体形的最好方法是进行体育锻炼。因为体育锻炼会使全身的肌肉都参加运动，肌肉中的毛细血管就会趋于全部开放，供给肌纤维的营养也就自然增多，慢慢的肌纤维就会变粗，肌肉粗壮，收缩力增强。这样，豆芽菜的体形就会变为强壮型。运动量的增大，可以消耗体内较多的脂肪，达到减肥的目的，小胖墩的体形也就会被健美型所代替了。

　　但是，体育锻炼并不是件轻而易举的事，贵在坚持。有一种标记奖励法可以帮助同学们长期进行体育锻炼，具体操作方法是每天规定几个体育运动项目，如跑步、俯卧撑、举杠铃等等。根据实际情况，每个项目都要记分，总分为 100 分。每天晚上自我评分，若总分得 85 分以上（含 85 分），便得 1 张小奖励卡片，每周得 6 张（或 7 张）小卡片可换一张大卡片。每月若得 4 张大卡片，获奖一次。奖品可以是精神的，如爸爸妈妈的表扬；也可以是物质的，如买件 T 恤衫或吃顿汉堡包等。

　　经过一段艰苦的锻炼，小胖墩型或豆芽菜型的体形就会渐渐地消失。

　　实际上，初中生身体发育是早熟、晚熟、还是正常发育，这件事本身对他们并不产生多大的影响。而是对这些变化的认识不正确才产生了不必要的心理压力。

　　冯宁生同学，愿你和广大的初中生朋友，在了解有关自己生长发育的规律后，自觉地消除心理压力，愉快地投入到学习生活中去。

成长的烦恼

张老师：

　　我是一名农村初中二年级的男生，因成长发育的事，心中很烦恼。身边找不到有关的书籍，又难于启齿向老师请教，只好求助于您为我解除困扰。

　　去年初秋，我刚上中学不久，一天放学后和同村的两个男生一起上厕所。我撒完尿出来帮那两个正在大便的伙伴拿着书包在一旁等候。忽听一个同学喊我，要求从书包里的本子上撕两张手纸。当我送手纸时，无意中看见那两个同学的阴茎根部没有黑色的毛。回家的路上，我不解地想，那两个同学和我都是属兔的，生日还都比我大，个子也比我高，为什么他们的阴部没长黑毛而自己却长了黑毛呢？到家后，我把书包放在炕上，马上跑到后院玉米秸围起的茅房里，脱下裤子仔细地观察自己的阴茎根部，那里确实长着一簇稀疏笔直的黑色的毛，顿时，一阵羞耻感涌上我的心头。

　　那天晚上，我躺在炕上翻来覆去地睡不着觉，总想着自己和那两位同龄伙伴的不同阴部。想着想着不由自主地出了一身冷汗并伴随着一丝恐慌。

　　一个星期五的下午，同村的几个伙伴在放学的路上商量星期六要去水库洗澡，这可把我吓坏了。回到家，我向妈妈要了五角钱，到镇上的商店买了个刮脸刀片，回来安在爸爸的刮脸刀架上，躲在仓房里小心翼翼地把阴毛剃光了。第二天，吃过午饭，我和伙伴们喜气洋洋地来到山脚下的水库边。这座水库离村子很近，又很僻静。我们立刻脱掉衣裳，光着屁股跳到水里打"狗刨"、戏水仗。玩够了又互相搓身上的泥，这时，我看到自己剃阴毛后和伙伴们一模一样的阴茎，心里十分快活。太阳偏西的时候，我们穿好衣服，高高兴兴地回村去了。

　　过了好长一段时间，有天晚间睡觉脱衣服时，我发现自己胯下的阴毛又渐渐地长了出来，而且新长出的黑毛密密麻麻，弯弯曲曲的，最近在学校上厕所时我留心看同学们也都长了阴毛，和我原来的一样是稀疏和笔直的。我怀疑是由于自己剃过阴毛才变密变弯曲的，现在又和同学不一样了。

　　几天来，我饭吃不下，觉也睡不好，总认自己成长发育有些异常。这件事一直困扰着我，甚至对我的学习都有了影响，我不知该怎么办。

老师，您能给我讲讲这方面的知识吗？怎样才能消除我的烦恼呢？

辽宁　孙占山

孙占山同学：

你的这种烦恼，是花季的烦恼，也就是青春发育期的烦恼，它是在你同龄人中常见的一种烦恼。其实这是你身体发育中的正常现象，属于性发育的外部表现，叫第二性征或副性征。它是初中生身体外形变化的重要标志，随着第二性征的出现，初中生开始从童年的中性状态进入到两性分化的状态。

阴毛是明显可见的第二性征，也是容易引起初中生忧虑的问题。如果他们发现自己早早地长出了阴毛，就会产生不自然甚至恐怖的情绪状态；反之，如果迟迟不长阴毛，他们又会产生自卑感，有的还会进而怀疑自己的性身份。初中生所谓发现阴毛长的早晚，往往是通过与同学的比较而获得的。他们常常偷偷观察同学是否出现了阴毛以及阴毛的疏密，颜色的深浅等，由于这种观察是主观的、个别的，不带有普遍性，因而也是不准确的。由于他们对此确信无疑并作为标准来衡量自己阴毛生长的状况，因而就不能不对他们的心理产生些不良影响。

初中生是在肾上腺分泌的雄激素的作用下才渐渐长出阴毛的。男女生的阴毛发育均是分阶段性的，长阴毛的年龄也是有早有晚的。

一般说来，男生出现阴毛的时间约9—11岁，开始阴茎的根部只有细茸毛分布，并无真正的阴毛存在。慢慢地在耻骨部就有短小、细软和浅色的阴毛出现。11—14岁时，阴毛逐渐变黑、笔直、稍硬，漫向耻骨联合上缘。14—16岁时，阴毛稠密而长，呈弯曲，分布较广泛，可扩及腹股沟及耻骨上缘。到17岁时，已具成人型，即呈菱形分布。

女生阴毛出现的时间比男生早些，一般在8—10岁时，即长出浅黑色稀疏的阴毛，主要分布于阴阜和阴唇。10—13岁时，阴毛颜色逐渐变深变粗和卷曲。13—16岁时，阴毛量增多，集中分布于阴阜部。到17岁时，已具成人型，即呈侧三角形分布，可蔓延至大腿上部。

阴毛生长的个体差异较大，大体上有以下三种情况：

首先，关于毛形问题。一般说来，成年男子的阴毛呈菱形分布，成年女子的阴毛则呈侧三角形分布。我国成年男子有的阴毛分布近似菱形，但只是在脐下至耻骨联合部有一浓浅不等的狭长形阴毛区，还有的男子的阴毛根本不呈菱形分布。因此，初中生的阴毛无论以什么形状分布都属正常范围。

其次，关于多毛问题。女生阴毛生长过多，分布范围超出侧三角形的范围，有的与男生阴毛形状相似呈菱形分布，则称多毛症。其原因很复杂，大多是雄性激素分泌过多所致。多毛症可能与遗传因素有关，也可能与服肾上腺皮外激素及雄性激素等药物有关；还可能是神经性的。女生如果发现自己属多毛症，应及时求医诊治，但也不必多虑，多毛症对身心发育没什么消极影响。

男生的阴毛不论长得多少都是正常的。

再次，关于无毛问题。有的男女生 17 岁左右，阴部仍和儿童期一样，不见阴毛出现，属无毛症。

大多数的无毛症属生理性的，体内无病变，不须治疗。只有个别的为病态，一种为脱纳氏综合症，他们的外生殖器发育幼稚且少阴毛或无毛；还有一种是在青春发育期曾长过阴毛，以后逐渐脱落，可能是体内某些病变，如脑垂体甲状腺功能减退，麻风病等造成的，须及时求医。

如果身体其他部位毛发正常，只是阴毛稀少或无阴毛，是由于阴部毛囊对雄激素不敏感所导致的。这也是正常的生理现象，既不会影响健康，又不会影响婚姻和生育。

但无毛症给有的男女生造成很大的心理压力，他们不敢去公共浴池洗澡，怕别人"耻笑"。在了解上述道理后想必这种烦恼就会自然消除了。

除了阴毛之外，第二性征还有些其他表现，男生第二性征其他表现出现的顺序大致如下：

12 岁：喉结开始增大。

14 岁：声音变粗、低沉。

15 岁：长出腋毛和胡须。

女生第二性征其他表现出现的顺序大致如下：

10—11 岁：乳头和乳房隆起。

12—13 岁：声音变尖，乳房乳晕继续增大。

14—15 岁：乳房明显高于胸部，出现腋毛，骨盆增宽。

16—17 岁：乳头大而突出，骨骺闭合。

初中生第二性征的出现和性成熟也存在着早熟和晚熟的现象。这些个别差异，使早熟者和晚熟者都面临着不尽相同的适应问题。初中生应看到无论早熟或晚熟最终必然会成熟，因为这是生理发育成熟的必由之路，所以要逐渐学会接纳由于性成熟带来的一些身体变化，使自己顺利地度过这一特殊的发展时期。

少女忧思

张老师：

　　我是农村一个 16 岁的苦命女孩。懂事后只记得家里的墙上挂着一张妈妈四寸的黑白照片。听左邻右舍的婶子大娘们说，妈妈是个大学生，在我 3 岁那年病逝了，是爸爸一手把我拉扯大的。

　　上小学时，学校离家三华里，天天早晨爸爸先把我背到学校，然后回来下地干活，放学后爸爸又准时到校把我背回来。从二年级起，上学时爸爸把我送到村口，放学时又站到村口去迎接我，我吃的用的应有尽有，同学们都说我是穷山沟里的小公主。爸爸对我学习要求十分严格，所以，我的学习成绩一直很好。

　　今年暑假，我以优异的成绩考取了县重点高中。接到录取通知书那天，爸爸高兴极了，乐呵呵地去商店买了一斤猪肉，包了一顿我最爱吃的芹菜馅饺子。那天晚间我和爸爸一直谈到深夜，他给我讲述了多少年来我一直想听的关于妈妈的故事：

　　妈妈小时候是个孤儿。"文革"最后一届的老高三，插队落户来到农村，在接受贫下中农再教育的岁月里，一干就是 6 年。爸爸是本村的老户，也是孤儿。可能是同命相连的缘故吧！妈妈 25 岁那年，和比她小 3 岁不识一个大字的爸爸结了婚，两个人的日子过得比蜜还甜。恢复高考的当年，在爸爸的支持下，妈妈考入了某农学院的机械系。她上大学后，村里的人议论纷纷，都认为兔子尾巴长不了，说妈妈再也不会回到爸爸身边了。可爸爸心里有数，4 年后，妈妈大学毕业时主动申请回乡农机站工作。第二年生下了我，在爸爸妈妈的生活中燃起了一颗希望的火种。谁知好景不长，病魔过早地夺走了妈妈的生命。

妈妈病故时，爸爸刚 30 出头，他长得一表人才又心灵手巧，提媒的人络绎不绝，但均被爸爸一一婉言谢绝了。爸爸惟一的心愿就是把我培养成大学生，以慰妈妈的在天之灵。

最后，爸爸语重心长地嘱咐我到高中后要刻苦学习，以实现他多年的夙愿，我默默地边流泪边点头应允。

高中新生报到的第一天，爸爸起早把我送到了学校。在恋恋不舍地离开我之前，从口袋里掏出三个煮熟的鸡蛋递给我说："别忘了，明天过生日吃。"爸爸走后，来了一位家住县城的女同学，说来也巧，我俩同桌，又是同一天出生的，谈话很投机，真有相见恨晚的感觉。

第二天早晨，我还没起床，她就来到寝室，给我送来一饭盒饺子和一个写着"祝你生日快乐"的小礼品盒。打开一看，是精装的乳罩，我的脸刷地一下红了起来，当时还不清楚这礼品的含义何在。

饭后，她热情地领我们几个农村来的女生去浴池洗澡，这是我生平第一次进公共浴池洗浴，感到很不好意思。脱衣服时，我发现同学们个个罩着乳罩，当我看到她们摘掉乳罩后露出的隆起的乳房时，简直吓得惊呆了。急忙用毛巾遮住自己平坦的前胸，低着头跟她们向淋浴间走去。这时，从我旁边走过一个刚上小学的女孩，我清楚地意识到自己的胸部和那女孩的胸部没有任何区别。不知什么原因，我的心情变得烦躁起来，洗不一会儿，便借故有事提前返校了。

张老师，我原来以为女孩只有结婚生小孩后乳房才会隆起的，从看到同学的乳房后我的心情很紧张。是不是因从小失去母爱造成了我的乳房畸型，还有补救的措施吗？请您指教。

吉林　郭望月

郭望月同学：

高中女生都很关心自己乳房的发育情况，有的同学由于乳房发育情况和同学有差异，就会对自己的性发育倾向和性身份产生怀疑，从而造成一些不必要的心理压力。要想消除这种心理压力，就要使高中女生了解有关乳房发育的生理心理卫生知识。

第一，有关小乳房的问题

所谓小乳房，即指胸部平坦，乳房很小。一般造成小乳房有两种原因：一是卵巢的内分泌不足所致。二是乳腺对雌激素不敏感造成的。发现乳房小的同学可到医院求治，经检查，如果发现卵巢的内分泌不足，需在医生的指导下适当地补充些雌激素，慢慢地平坦的乳房就会隆起。如果发现乳腺对雌激素不敏感，接受医生的治疗后也会逐渐缓解的。若经常用手按摩自己的乳房，可能会收到意想不到的增大乳房的效果。大多数乳房小的同学，随着年龄的增长，小乳房多半都会"不治而愈"，自然丰满起来。因此，暂时乳房较小的同学不要忧心忡忡，要相信总有一天自己的乳房也会发育成熟。

第二，有关大乳房的问题

乳房的大小没有绝对的标准，它与个人的体形，胖瘦有一定的关系。高中女生有的乳房较为丰满显得稍大一些是正常现象，勿需多虑，也不必治疗。

第三，双侧乳房不对称的问题

有的高中女生还因双侧乳房不对称而感到苦恼。其实，乳房和耳朵、眼睛一样，尽管成双成对，但仔细看总会有些差别的，相对而言，耳朵和眼睛较小，两侧之间有一点差异不易被发觉；乳房大些，双侧的差异就显得明显些。往往较小一侧的乳房对雌性激素欠敏感，如果坚持长期自我按摩，会刺激它的进一步发育，慢慢两侧乳房就会趋于匀称了。

在中学阶段，有些女生由于从事不当的运动或劳动，以及不正确的写字姿势，也会造成两侧胸大肌及结缔组织发育不同，从而影响双侧乳房的对称。如果注意纠正不良的运动及劳动习惯，养成正确的写字姿势，两侧乳房不对称的现象会随之得到矫正。

郭望月同学，乳房的发育一般是从8—17岁这段时间，你刚刚16岁，乳房还有继续发育的可能。希望你能加强营养，保持积极的情绪状态，也许在不久的将来，你会和同学们一样获得一双理想丰满的乳房。

小伙子的难言之隐

张老师：

今年暑假期间，我参加了县团委组织的别开生面的生物夏令营。我们16名高中生物爱好者来到大兴安岭脚下的原始森林地带，简直就像进入了一个童话世界。

我们在一片开阔的大草地上架起了三个圆形的帐篷，一个白色的，一个黄色的，还有一个红色的，好像长在绿草地上的三株大蘑菇。帐篷边有蔓生的常春藤紧贴着地面盘卷着；矮小的马鞭草中间稀疏地夹杂着鼠尾草；还有速生草顶着结了籽的小脑袋，使劲地向朝阳地方伸去。在这些小草中还星星点点地长着些粉色、紫色等叫不出名的小野花。

离帐篷不远的地方有个椭圆形的水潭，潭里有两股清泉从底部冒出，翻上的水柱有二三尺高。晚上我们躺在帐篷里，泉水依旧喷射着，轻轻的叮咚声直送到我们耳边，犹如轻音乐般地把我们送入梦乡。

来到宿营地的第二天中午，我们谁也不想钻进帐篷里去睡懒觉，都想到水潭里去游泳。这附近有一个边防哨所，住着一个班的武警战士，加上野营的二十几名男生，青一色都是男性。所以，我们很快地脱掉衣服，扔在草地上，就像在城市的浴池里一样，光着身子，在水潭里尽情地游泳、戏水——大家相互看着裸泳狼狈的样子，不时地发出哈哈的笑声。

游够了，我们穿好背心短裤，坐在草地上等待指导教师分配当天下午的采集任务。老师要求每个人捕捉一只螳螂。大家很快就分散在远处的草丛里，各自忙着寻觅螳螂去了。

我趴在一处乱蓬蓬的潮湿的蒿草中，闷热闷热的，不一会儿，全身都被汗水浸透了。在那里一动不动地守了两个来小时，才捉到一只约3寸长的绿色大螳螂。

任务完成后，精神放松了，我突然觉得阴部痛痒，脱掉短裤看到阴茎有些红肿，用手轻轻地翻开阴茎皮，龟头上有些乳白色的垢块，我小心翼翼地把它们拨离掉，又拉回阴茎皮。这时，传来了集合的口哨声，我急忙提上裤子归队去了。

晚上躺在帐篷里，我猜想可能是因为洗完澡趴在潮湿的草地上受凉得病了。阴部总是时隐时痛，很难受，我是咬着牙坚持过完4天野营生活的。

回到家后，在卫生间里我又偷偷地翻开阴茎皮，用清水把龟头上的垢块洗掉，涂些红药水，渐渐地消肿了，可过些天又复发了。

现在我的思想负担很重，得了这种病，不好意思去看医生，也难于开口和父母讲，我痛苦极了。

张老师，我是否得了性病？能治好吗？希望您能帮助我解除痛苦。

黑龙江 沈宁

沈宁同学：

你得的不是什么病，是男生中常见的一种生理现象叫包皮过长。

包皮指包在阴茎头外部的一层松软的皮肤。一般说来婴幼儿的包皮较长，开口也小，它包在阴茎头的外面，起到保护细嫩的龟头的作用。随着年龄的增长，包皮渐渐地向阴茎头后面退缩。到了青春发育期，随着阴茎的发育包皮自然上翻，使整个龟头暴露在外边。

生殖器发育成熟后，有的包皮仍然把阴茎龟头紧紧裹住，无法向上翻动，称为包茎。有的包皮虽然也把阴茎包住，但能向上翻动使其龟头露在外面，还能向下翻动再把龟头包在里面，则称为"包皮过长"。

包茎和包皮过长在中学生里是较普遍的，有的调查材料表明前者占7.1%，后者则占36%。

过去性器官发育成熟后，无论是包茎还是包皮过长，有人均主张在青少年期及早施行手术割除。他们认为只有露出龟头的阴茎才算正常的，否则婚后都会影响正常的性生活。随着性科学的不断发展，认为包茎的青少年既不影响排尿，又会在性生活中起着特殊的积极作用。有的

15

调查研究资料表明，阴茎包皮过长的人，在性交时阴茎向前推进，包皮便滞留在阴茎头后，形成一个有一定厚度的皮圈，这个皮圈沿着阴道壁向前滑动，会以波浪式起伏的状态摩擦阴道壁，阴茎向后抽拉时，包皮的皮肤又推回阴茎头上，使阴茎头的直径约增加2毫米，有助于引起女方的性满足与性快感。而阴道壁此起彼伏的收缩状态，又会进一步刺激阴茎头后面的敏感区，从而给男方带来性高潮。另外，包皮还能对龟头起着重要的保护作用。

但是，包皮过长对中学生也有些不利的影响。包皮里常分泌一种奇臭的白色分泌物，即包皮垢。若包皮垢长期刺激阴茎头，尤其是冠状沟部易引起包皮炎或阴茎炎，包皮炎易导致龟头与包皮粘连，使阴茎勃起受到限制还会产生疼痛感。更严重的是阴茎勃起包皮上翻后不能翻下，包皮口卡住龟头，形成嵌顿性包茎，龟头因血液循环受阻而产生水肿甚至发生龟头坏死等。若发生这种情况要及时医治，以求迅速缓解。

包皮过长对中学生普遍的影响是诱发手淫。包皮垢反复刺激龟头会引起阴茎瘙痒，这时，中学生会自觉与不自觉地翻动包皮造成性冲动而出现手淫行为，不少中学生的手淫习惯就是由此而形成的。

包皮过长的中学生朋友不要为此而担忧，要养成每天晚上将包皮上翻清洗的习惯，定会达到扬长避短，趋利除弊的效果。高明益在高一时，一天夜里突然阴部剧痛把他从梦中惊醒，打开灯一看，包皮上翻龟头呈红紫色，他用手使劲下翻包皮仍无济于事。在爸爸妈妈的陪同下去了医院，经过三天的住院治疗，炎症消失后很快恢复了正常。从此每天晚间他都在卫生间用专门准备的一个小盆，上翻包皮用清水把里外洗得干干净净，既卫生又舒服。现在他已是高三的学生了，再没有发生过包皮发炎的现象。真是难言之隐一洗了之。你的这点"隐痛"也不必烦恼，高明益同学的方法试一试，很快就会奏效的。

大男孩的心事

张老师：

　　我是一名高中三年级的学生，身高1.84米，长得很健壮，是学校男子篮球队的队长。学习成绩很好，三年来无论什么考试排榜，我都没出过年级的前10名。每天在学校里生活得无忧无虑，所有任课的老师都叫我"快乐的大男孩"。

　　上周四下午，学校组织高三应届毕业生去市医院进行高考体检。教导主任王老师让我给各班班长发体检表并帮助维持秩序，所以我是最后一个体检的。检查到外科时，需要脱掉衣服详细检查躯干、四肢和生殖器等。检查完毕我正在屏风后面穿衣服，两位年轻的男医生边洗手边笑着议论用仪器治疗阴茎短小的事，我四周环视一下，诊室里除了医生外就我一个人，当时心想莫非我的阴茎短小，否则医生怎么会为我检查后议论起这件事呢？越想心里越紧张，我迅速离开诊室，直奔我的好友费鸣春家。

　　费鸣春和我从小学、初中一直到高中都是同班同学，又是非常要好的朋友。他个子比我矮，刚过1.60米，他是品学兼优的好学生。到他家后，他正和爸爸妈妈在餐桌旁吃饭，他们热情地拉我一同进餐。无奈，我只好吃了一碗鸡丝面。饭后，在他的房间里，我小声地把诊室里发生的事向他学一遍，他看我神情恍惚的样子，想出一个主意，决定陪我去浴池洗澡，暗中和别人比比阴茎，以消除多余的顾虑。谁知到浴池后不仅没解决我的顾虑，反而给他也笼罩了一层阴影。在浴池里我俩左看右看，都觉得别人的阴茎比自己的阴茎大些，有意思的是他认为我的阴茎比他的阴茎大些，而我却认为他的阴茎比我的则大些，从浴池出来已晚9点多了，我俩都闷闷不乐地各自回家了。

那几天我俩在学校里的情绪很低沉，同学们丈二和尚摸不着头脑，谁也不知道我们的葫芦里卖的是什么药。本来毕业班双休日不休息，但我俩实在憋不住了，星期天谎说家里有事向老师请了假，到省图书馆呆了一上午。费了九牛二虎之力才翻到一本有关性知识方面的书，上面写到："17岁以上的正常男性阴茎在常态下（即非勃起状态时）的长度为7厘米，平均8.5厘米……"看过资料后我俩又来到我家，趁中午父母不在家的机会，关好门，我们在卧室里，急忙脱下裤子用格尺互相量起阴茎的长度来。结果，我的阴茎为5.8厘米，费鸣春的阴茎则为5.1厘米。刹那间一阵惊恐同时向我俩袭来。

张老师，今天中午我们急得连饭都没顾上吃，费鸣春就催我赶快给您写信。我们已经18岁了，阴茎还能长些吧？

如果不能的话，现在需要马上接受治疗吗？恳切希望得到您的答复。

西安　陈大顺

陈大顺同学：

你和费鸣春提出的问题是高中男生中普遍关心的问题。

男生的阴茎从10—11岁开始发育，先是增长，横径增加不明显；14—16岁阴茎显著增粗，龟头亦发育完善，17岁时发育基本成熟，具成人型。

由于阴茎是男性显露于体表的外生殖器，不少高中男生对自己阴茎大小都十分关注。他们不仅经常注意自己阴茎的发育情况，也偷偷地观看别人的阴茎，并在私下里进行比较。一旦发现自己的阴茎比别人小就会疑虑重重，总认为这样是缺少男子气概，甚至将来会影响结婚和生育，因而产生自惭形秽的自卑心理。

实际上，真正的小阴茎罕见。小阴茎是指男子成年后阴茎仍像儿童一样细小，睾丸也发育不良。形成小阴茎的主要原因是先天性的，一般是由于母亲妊娠第6—9个月期间雄性激素分泌不足造成的。下丘脑或垂体异常，睾丸异常乃至染色体异常也是导致小阴茎的重要原因。

大多数认为自己阴茎小的高中生是由错觉所引起的。你和费鸣春同学就属于这种情况。

国外性知识资料中谈到的成年男子阴茎长度是西方的标准。西方男子与东方男子阴茎相比有不同的特点，前者阴茎勃起和疲软时的长度基本相等；后者阴茎勃起和疲软时的长度则相差很大。你和费鸣春同学用外国成年男子阴茎长度标准来测量自己的阴茎长度是不客观的，也是不科学的。

调查资料表明：我国成年男子阴茎在非勃起状态下长度为 3.70—10.60 厘米，平均为 6.55 厘米；横径为 2.06—3.08 厘米，平均为 2.57 厘米。阴茎的周长是：中部为 7.02—9.42 厘米，平均为 8.50 厘米。调查资料还表明：男子身高与阴茎大小之间不存在比例关系。因此，可以说明，我国正常成年男子非勃起状态下阴茎长度为 4.5—8.6 厘米，均属正常范围。另外，在疲软状态下，外观看似小的阴茎与看似较大的阴茎，在完全充分勃起的状态下，其长度无显著差异。这说明人的阴茎在疲软状态下，固然有大小之分，但这种差距在阴茎勃起时就会大大缩小，即小阴茎勃起的比率较大，而大阴茎勃起的比率则较小。在疲软状态下看起来比较小的阴茎，如果充分勃起时，其长度和体积可增至原来的 3—4 倍，此时与疲软状态下看起来较大的阴茎勃起时的长度就相差无几了。因此可以说，在疲软状态下 3.70 厘米长的阴茎也在正常之列。

在浴池里通过目测比较他人和自己阴茎长度也存在着一定的误差。因为观察别人的阴茎需要水平方向看，而观察自己的阴茎则需要垂直方向看，由于视错觉的缘故，同样长度的物体，垂直方向看要比水平方向看的长度估计短些。这就是误认为自己阴茎比别人阴茎短的重要原因。倘若再对照镜子水平方向观察自己的阴茎，就发现它变大了。这也是由于视角不同而引起的错觉而已。

随着年龄的增长，有的高中生担心自己阴茎短小的根本原因在于怕影响将来的婚姻和生育等问题。其实，不管阴茎大小，只要能充分勃起，婚后就能插入阴道，并能射精，就不会影响性生活。若精液的质和量都正常，也就不会影响生育问题。

弄清这些道理后，即使阴茎比同龄人小一些的同学，也毋庸多虑，要消除不必要的压力，从而愉快地进行学习活动。

还有一点需要提及的就是睾丸问题。睾丸是男性主要性器官，一般地讲，男生 12 岁时睾丸开始增大，13 岁左右迅速发育，18 岁时已接近成人睾丸的容量，约 19.8 毫升。

高中生对自己睾丸的发育情况也颇为注意。在高中生中有的发现自己睾丸异常，其种类较多，如有数量异常，无睾、并睾或多睾等；大小异常，睾丸肥大或发育不良等；位置异常，异位睾或隐睾等。

高中生中最常见的睾丸异常为隐睾症。所谓隐睾是指阴囊单侧或双侧睾丸缺少。发生隐睾的一个原因是母亲妊娠的最后两周，因母体内雄性激素分泌不足，睾丸缺乏足够的下降动力而造成隐睾；另一个原因在于解剖因素，如睾丸或附睾较大，无法通过下降渠道进入阴囊，或下降渠道狭窄，睾丸难以通过，或阴囊太小，容纳不下睾丸等等。

睾丸异常，尤其是隐睾对人体是有一定危害作用的。一般在幼儿期以前家长容易发现，到童年期尤其是少年期以后家长很难发现。高中生朋友在洗澡时要时常检查自己的睾丸发育情况，如果发现异常也不要有什么思想负担，要及早求医，定会取得好的疗效。

陈大顺同学，青春期的身体变化是非常正常的，不必有心理压力，每个人身体的变化也不同，有的变得显著些，心理接受起来很难。有的变得渐缓，不那么明显，心理接受起来就容易些，你和费鸣春同学不必为此有什么心理负担，随着你们年龄的增长，所有的变化你们慢慢都会适应，并能很好去应对的，既然已经知道这些都是身体的正常变化，你们还会有心理压力吗？千万不要让这种不良情绪影响你们的学习和生活，青春是美好的，美就美在变化，美在变化中不断产生的新意，美在新意中不断升华的生命活力，美在活力中不断涌动的一股股激情，美在激情中不断积蓄的一点一滴的真实感受。惟有这样，你们才是最幸福的。

来自成熟的烦恼

　　青春期是个体发育的关键期。心理学家盖特称它为"暴风骤雨，疾风怒涛"的时期。进入青春期的初高中学生，一方面，由于性机能的迅速发展，性意识的日趋萌动，产生了从未有过的性心理体验和相应的行为反应。另一方面，由于心理尚未成熟，认知水平和行为调控能力相对说来较差。这种生理上的成熟和心理上的不成熟，使他们很容易出现性方面的问题。

　　因此，初高中学生要主动学习一些性生理与性心理卫生知识，自觉地排除性成熟的困扰。

首次遗精使你变成男子汉

张老师：

我小时候是个非常文静的男孩，除了上体育课之外，很少参加体育活动。今年暑期我小学毕业了，在家闲着没事。一天下午，几个小学同班同学硬拉着我去南岭体育场陪他们踢足球。连我自己也说不清楚，那次玩球为什么对我有那么大的吸引力，从此我便酷爱了足球运动。

上初中到现在已经有一个多月的时间了，在这段日子里，我几乎每天放学后都要踢上一场足球。每场球下来都大汗淋漓，回家的第一件事就是去卫生间冲个热水澡。上初中后我的最大变化是吃饭比以前香了；学习的精力比以前更充沛了。

前天傍晚，那场足球赛快结束时，突然从对面飞过一个球，正打在我的阴部，当时疼痛难忍，我用手紧捂住阴部蹲在地上一动不动。同学们见我脸色苍白的痛苦样子，便打车把我送到市医院。经泌尿科医生详细检查没发现生殖器官有任何病变，从医院回来疼痛也缓解了。晚间洗澡我又仔细地观察，性器官不红不肿的，和平常一样没有什么变化，我的担心也就消失了。

那天晚上和往常一样，我做完功课，上床后很快就入睡了。正当我睡得香甜的时候，外面暴风雨把我从梦中惊醒，我躺在床上朦朦胧胧地透过玻璃窗看见狂风暴雨使劲地摇撼着楼外的穿天杨，雷鸣夹着闪电，闪电带着雷鸣。雨一阵大一阵小，大时像用瓢往外泼水，小时又像从筛子漏下的水柱，雨点打在窗子上像烧开了水似的冒着泡儿，形成一种显示出无数斜纹的雨帘。

雨停了，我反复琢磨，与其说是暴风雨把我惊醒，莫如说是梦境中的自身困扰把我惊醒。这时我才发觉阴茎处有些不适感，挺痒痒的，用手一摸，已流出些粘糊糊的液体，吓得我后半宿都没睡好觉。第二天早晨我用电话向老师请了假，急忙去医院就诊。恰巧，在泌尿科遇到的就是昨天接待过我的那位医生，我向他讲述夜里出现的症状后，又担忧地寻问这和白天球场事作是否有关。听过我的叙述，医生笑着说这不是病，是像我这么大的男孩都会出现的一种生理现象，叫首次遗精。接着，他又拍拍我的肩膀说："小伙子，你已成熟了。"听后，我不好意思地急速走出了诊室。

吃过中午饭，同学们都到操场上玩去了。教室里只剩下我和关明任，他正趴在桌上写作业。从上小学起我俩一直是同班同学，又是好朋友，他比我大一岁，身体也比我强壮，就是他教我踢足球的，我俩之间无话不讲。我慢慢地走到他跟前，悄悄地把昨晚发生的事和他说一遍，又问他有没有发生过这种现象。关明任好像对我的话似懂非懂，脸涨得红红的低头说："没有，我从来都没有发生过这样的事。"当时我的脑袋"轰"的一下，本来我还想问他些什么，后来同学们陆续地走进了教室，我赶紧地回到了自己的座位上。

这两天我的情绪很低沉，总也提不起精神来，一有空暇时间，头脑中就浮现出那天夜晚的情况，有时连做作业的心思都没有了，我急切地期望得到老师的帮助，请老师指点。

长春　赵小序

赵小序同学：

你所出现的那种症状，是一种正常的生理现象，正如那位医生讲的那样，叫遗精。它是使你走向成熟变为男子汉的重要标志之一。

所谓遗精是指男子非性行为时精液的不自主泄出，其发生机制多属于生理反应性质。未婚的男青年一般都有遗精现象。遗精可分为两种，即梦遗和滑精。梦遗是在睡眠中的遗精现象；滑精是在醒着的时候，无意识的遗精。你的遗精现象是在睡眠中发生的，故属于梦遗。

男生从十一二岁到十七八岁，进入青春期后，性逐渐成熟。内生殖器睾丸、附睾、输精管、射精管及其附属腺、精腺、前列腺和尿道等迅速发育，它们共同产生精液，贮存到一定时间就会自然泄出体外。中学生第一次遗精称首次遗精，这是身体发育的结果，它标志着男性的成熟，是男性具备生殖能力的信号。

我国初中男生首次遗精的年龄一般是在十四五岁左右，最早的是在12岁左右，最晚的可能在20岁左右。男生首次遗精的年龄存在着"提前趋势"，即目前初中男生首次遗精的年龄比以往更加提前。一般说来，首次遗精可能是初中男生的身体发育达到一定成熟水平时，由于体温上升，运动或直接受到性刺激等原因引起阴茎勃起所导致的，他们的首次遗精多半是在睡眠中发生的梦遗。

初中男生出现首次遗精后，逐渐会有规律地发生遗精。有人认为每月遗精1—2次或者2—3次均为正常。遗精的频率至今没有一个公认的标准，个体间的差异较大。

遗精对初中乃至高中男生的心理发展有着一定的影响。研究资料表明，男生对首次遗精的心理体验为害羞、新奇、恐慌和无所谓等，多数同学曾感到害羞和恐慌。

随着遗精次数的增多，不少男生由于受我国传统立化和一些不科学宣传媒体的影响，视精液如珍宝，误认为"滴精液十滴血"、精液是"生命精华"、"人之元气"，对精液的不自主流失惶惶不安。这无疑会带来一定的困扰，产生焦虑等消极情绪。如高一男生孟大林，每月出现3次遗精，整天愁云满面，独自跑了多家药店，买了很多滋补壮阳的药。因为心理压力大，食欲减退，服药后遗精次数不仅不减少反而还略有增加。

遗精对男中学生的身体没有任何危害，须知，精液是精子和前列腺、精囊、尿道球腺所分泌的液体的混合物。精液中除精子以外的液体部分称为精浆。在精液中，精囊液占60%，前列腺分泌物占20%，精子的体积还不到精液体积的10%。只要人的生命存在，精液作为新陈代谢物就永远不会枯竭。无论是初中还是高中的男生要从思想深处认识到，遗精是正常的生理现象，它是使你通向成年男子的路标。要自觉地消除对遗精的恐惧或焦虑情绪，对遗精应顺其自然，持乐观的态度，这样就会渐渐地达到对遗精的适应，到那时你就会愉快地接纳遗精。

实际上，遗精不仅是男生性成熟的标志，更是身体趋于全面成熟的标志。遗精出现的年龄越小，即性早熟者，他们的身体发育的高峰到来的也越早。早熟对于男生来说有明显的好处。

早熟的男生一般说来阴毛和腋毛等第二性征提前出现，首次遗精是性机能成熟的结果。与此同时他们的身材也更高大、体重增加、肌肉强健，这使他们仪表光彩，表现出强大的生命力。

早熟对男生有两方面的积极影响，一方面，由于女生的发育比男生早1—2年，而早熟的男生又比其他男生早1—2年开始发育，这样，他们与正常成熟的同龄女生在心理体验上较相似，因而他们能和女生正常交往。另一方面，他们在体育运动和需要依靠身体技能的运动中，也占有绝对优势，从而会得到同伴的尊重和老师的青睐。总之，早熟的男生会成为群体中的佼佼者和领导者。有的研究资料表明，性早熟的男生较独立，有自信心，成年后适应力强，更有成就感。如韩初江读小学时是班里有名的"小不点"，上课坐在第一排，出操列队或上体育课也总是排头兵，为此，爸爸和妈妈都十分着急。

韩初江不仅个子矮，独立性也特别差。一次学校组织夏令营，要求大家轮流到炊事班去助厨。大家都完成得很好，惟有他值班那次由于把米淘过忘添水就烧上火了，结果把一锅米饭全烧焦了，弄得同学饿了一下午肚子，为此，他把眼睛都哭肿了。

上初中不久，韩初江出现了遗精，并像雨后春笋，个子很快就长了起来。到高一时已成为魁梧英俊的青年了。他学习刻苦，善交往，被同学选为学生会主席。高中毕业后被保送到某建工学院的直硕班，7年后又以优异的成绩考取了留美建筑学的博士，学成归国又被某建筑设计院晋升为高级工程师，成为同龄人学习的楷模。

赵小序同学，谈了这么多，你该对自己充满信心了吧。

● 来自成熟的烦恼

月经初潮使你成为大姑娘

张老师：

　　我是偏僻山村里的一个 14 岁的女孩，我得了一种重病，两天来阴道一直流血。这里缺医少药，家庭生活又很困难，我不愿让父母担忧，我是瞒着他们给您写这封信的，请您告诉我这是什么病？怎样治疗？下面我把得病的经过向您汇报一下。

　　我在初中二年级读书，学校离家 20 多华里，平时在学校住宿，每月回家一次。上个双休日，我和同村的几个同学起得特别早，吃点东西，我们就踏上了回家的山路。

　　也许是春天来临的关系，那天我的心情格外好，一边唱着一边走在山间的小路上，因为我的五音不全，有时唱跑调逗得同路的伙伴哈哈大笑。我觉得天是那样的蓝，天空竟没有一片云，日光是那样的明媚，空气里有着一种使人感到清新的温暖。雨后的绿色山岗显得异常宁静，一些早开的野花又为这宁静增添了盎然生机。

　　大约走了 10 华里的时候，我感到有尿，但同伴中有两个男生，又不好意思随便解手，只好憋着尿继续走。离家 5 华里有一个山坡，是盛产蕨菜的地方，当地人都管它叫"蕨菜园"。当我们来到这里时，站在山路上，就可看到几十米外的"蕨菜园"里，冒出一片片褐绿色的蕨菜。

　　可能采野菜是女孩的天性。我们回家心切的几个女生，眼看就要到家门口了，却突然改变了主意，决定先采蕨菜后回家。那两位同行的男生只好与我们分道扬镳直接奔家而去。剩下我们几个女生顿时有种解放感，无拘无束，争先在路边采集各种野花编成五颜六色的小花环戴在头上，然后手挽手，高唱着"我们的家乡在希望的田野上，炊烟在新建的住房上飘荡，小河在美丽的村庄旁流淌"，大步地向"蕨菜园"走去。

当我们走近"蕨菜园"时，简直高兴得惊呆了。刚出土三寸多高的蕨菜又胖又嫩，褐绿色的茎上长满了毛茸茸的肉刺，没伸开的叶苞活像个耷拉着脑袋看瓜的小老头。看到这种情境，我竟忘记了自己憋着的尿，和同伴们一样欢呼、雀跃。接着又和她们一起蹲下身去，小心翼翼地一棵一棵地采着蕨菜，两刻钟的光景，每个人采了一大把蕨菜，各自脱下外衣把它们包好。

我们抱着蕨菜正准备上路时，我猛然感到肚子剧烈疼痛。急忙解开裤带就地小便，撒完尿我低头一看从阴道里流出很多殷红的鲜血。当时可把我吓坏了，不是好声地叫来小姐妹。她们有的比我大一岁，有的比我小一岁，都对我这突如其来的病惊恐万分，有的说可能是刚才跳跃抻坏了；有的说可能是尿憋坏了。后来大家把几块手帕放在一起敷在我的阴道处，采好的蕨菜也顾不得要了，她们扶着我又踏上了回家的路。大家商定好，这件事要绝对保密，和任何人也不能披露。

现在快两天了，阴道流血仍然不止，有时屋里没人，我偷着照照镜子，发现嘴唇也不是血色，我真的好害怕。这两天我闷闷不乐，恐惧和焦虑的情绪一直在笼罩着我。希望老师能及时回信进行指导。

福建　黄小梅

黄小梅同学：

你信中提及的症状不是什么病，更不要为此而担忧，那是女生在青春发育期所出现的一种正常生理现象，叫月经初潮。生殖细胞发育成熟的女子会出现周期性的子宫出血，出血的时间持续 3—7 天，这种生理现象叫做月经。所谓月经初潮是指初中女生月经周期的开始，这是她们走向成熟，从小女孩变成大姑娘重要标志之一，也是她们具有生殖能力的信号。

女孩在儿童期，生殖器官相对不活动。到 12—14 岁左右，出现第一次月经，即月经初潮。初潮后的一段时间里，月经周期可能不规则，

● 来自成熟的烦恼

要经过一段时间才会逐渐变为规则。

　　成年妇女月经周期的长短，因人而异，平均为28天，但在20至40天内均属正常。子宫内膜在月经周期中呈周期性变化，大体上可分为三个时期：

　　增殖期：指月经周期的第4天至第14天。主要特点是子宫内膜显著地增殖。早期由于内膜出血刚停止，表面有断裂的血管和腺管，内膜约厚1—2毫米；表面无上皮覆盖。几天后，腺管上皮增生，覆盖着上皮表面。接着内膜迅速增生，腺体增宽加长，但不分泌。与之同时分布于内膜表面三分之二部分的螺旋动脉迅速生长并超过内膜增厚的速度，使其卷曲程序增加，末梢接近于内膜表面。分布于内膜下三分之一的直动脉却变化不大，到增殖期末，内膜可达2—3毫米厚，接着卵巢排卵，标志着下一时期的开始。

　　分泌期：指月经期的第15天至第28天。主要特点是腺体呈分泌状态。内膜增厚，螺旋动脉增长，卷曲程度继续增加，内膜的腺体增大，腺细胞的胞浆出现许多颗粒，内膜呈现高度的分泌活动。这个时期末，由于黄体萎缩，内膜厚度可减少五分之一到三分之一，组织变密，螺旋动脉的长度却没有随内膜厚度的减少发生相应的变化，于是螺旋动脉卷曲、受压、血流受阻，有月经开始前4—24小时出现痉挛性收缩，使内膜内缺血而坏死。当血管松弛时，血液即由断裂的血管流出，形成许多小血肿。

　　月经期：指月经周期的第一天至第四天。主要特点是出血与内膜脱落，每次月经失血量约30—100毫升。由于在内膜下有许多小血肿形成，使内膜上三分之二和下三分之一完全脱落。剥离的内膜分散脱落与血液混合流出。随后，残存的内膜组织又在新形成的卵泡的影响下开始增生进行修复，从而进入下一个新的周期。

　　研究资料表明，目前我国初中女生月经初潮年龄一般为13岁左右，最早的年龄为9岁，最晚的则可到20岁左右。初中女生月经初潮的年龄也存在着"提前趋势"，即经历月经初潮的年龄逐渐变小。

　　月经初潮对初中女生心理的发展有一定的影响，调查资料表明，女生对月经初潮的心理体验为害羞和恐慌。高中女生一般都经历了月经初潮带给她们心理上的震撼，但由于她们在初中阶段并未充分获得有关月经等方面的知识，仍有一些高中女生不能正确对待生理现象。应该了解到，月经期间，因为神经系统和内分泌系统的影响，会产生自我不适感，情绪也容易波动，反过来又会影响经期和经量。还有的女生对月经有恐惧感，一来月经就心理紧张，结果形成条件反射，导致恶性循环，甚至会出现痛经等现象。所以，初高中女生要注意经期的生理和心理卫生，在经期要保持心情开朗，注意劳逸结合，保证适当的睡眠，要正确认识月经这一生理现象，逐渐做到心理上的适应。

月经初潮是女生性成熟的标志，女生性早熟者与男生性早熟者截然不同，她们遇到最大的困难是适应问题。早熟的初中女生的发育要比同性同伴提前一至两年，她们面临着同伴尚未经历过的身心变化，她们迫切需要与自己相似的人进行交流，更渴望找到能同情自己忧伤和焦虑的同伴，可是正常发育与晚熟的女生因没有切身的体验，很难理解早熟者的心理活动，无法分担她们新发现的性体验带来的困扰。这种不利的情境可能会增强早熟者对月经初潮的消极感受，使她们更感到紧张和不舒服。此外，由于缺乏与同性同龄伙伴的情感交流，渐渐可能会出现孤僻、抑郁的情绪反应，有的也可能会厌倦学校生活。

但是，月经初潮给早熟女生带来消极的心理影响不是不可避免的，早熟的女生要正视月经初潮这一现实。应该认识到，女孩早晚要走向成熟的，既然自己已经早熟了，这又是一个不可否认的事实，在心理方面要愉快地接受它。同伴们虽然没有成熟，无法交流内心的体验，但可以向她们讲述自己的经历和有关的知识，使她们做好迎接月经初潮到来的心理准备。这种现身说法既对同学有益处，又能融洽和她们的关系，从某种意义上讲，这是同学间更深层次的心理相容。如洪翠珊12岁就月经初潮，她看了许多有关的书籍，顺利地度过了困难期。从初中到高中只要她了解到哪个同学月经初潮就主动进行帮助，同学们都把她当成知心朋友，大家都亲切地称她为"先知妹妹"。

莫为手淫多焦虑

张老师：

　　我是一名初中三年级的男生，再过几个月就要考高中了。本来我的学习很好，但近一个阶段因手淫的事心理压力很大，我很恐怖很担心，怕因此而影响学习。

　　三年前，我小学毕业的那个暑假，去住在农村的姑姑家玩。那里是个山青水秀的地方，坐落在半山腰上的小村庄不到30户人家。说来也怪，全屯40几个孩子没有一个和我同龄的，除了没上学的外，不是比我小三四岁，就是比我大三四岁，所以和他们玩不到一块去。我每天只好跟姑姑到园子里摘点菜或到田埂上割些喂兔子的青草，下午没事便躺在炕上睡觉。

　　一天中午，太阳火辣辣的，晒得头上直冒汗，我和姑姑正坐在葡萄架下的石桌旁吃过水面。突然有几个穿着背心和短裤的大哥哥从姑姑家的门前走过，姑姑边和他们打招呼边问他们去干什么，当得知他们准备去河套游泳时，姑姑高兴极了，让他们带我一同去玩。这时，他们走进院内热情地和我说话。我赶紧吃完饭，回屋取来泳裤，便和大哥哥们有说有笑地朝村东头的伊通河走去。

　　大约走了半个多小时，我们来到一处僻静的河湾，岸上有棵古老的垂柳像把天然的大伞，它的后面是一排排犹如屏风的柳毛林；前面是一片松软的细沙滩。河水清澈透明，可见一群群的小鱼自由自在地逆水而游，我简直像进入了仙境，心旷神怡。

　　正当我被这秀丽的景色陶醉得出神时，几个大哥哥早已脱掉背心裤衩赤身跳入河中痛快地游了起来。他们的击水声打断了我的沉思，我急忙躲进柳毛丛换上游泳裤向水里走去。一位大哥哥跑过来说："这里是不会有人来的，我们游泳从来都不穿裤衩。"说着他帮我把游泳裤扒了下来，我很不好意思，脸一下子红到了脖子根。可当他把我拉入水中，不一会儿就习惯了。我尽情地和大哥哥们戏水，他们还不时地教我蛙泳、仰泳等，我们玩得十分开心。

玩累了，我们走上岸来，躺在沙滩上晒太阳。大家用细面沙把身子埋起来，开始觉得滚烫滚烫的，适应后很舒服。正当我们昏昏欲睡的时候，随风飘来一股清新的芳香。不知谁说了一句："走！吃香瓜去！"于是，我跟着大哥哥们穿过柳毛林，爬上丘陵，果然发现一个瓜园。看瓜的老大爷为我们摘了一大筐瓜说："这瓜刚开园，挺甜的，快吃吧！解解渴。"我们一个接着一个地吃着东北特有的"羊角蜜"瓜，味道好极了。吃完瓜感到浑身是劲，我们谢过老大爷，又回到了被太阳照得金光闪烁的沙滩。坐下后，你瞧瞧我，我瞧瞧你，彼此欣赏着对方青春健美的裸体，刹那间我有种莫之其妙的萌动，不由自主羞涩地低下了头。我听见一位大哥哥喊道："哥儿们，玩吧！"当我抬起头来，看他们个个躺在沙滩上用手在摩擦着自己的阴茎。我被这种突如其来的场面吓呆了，正当我不知所措的时候。躺在我身边的一位大哥哥一把抓住我的阴茎，很快便射精了。从此，我便染上了手淫的毛病。

一晃快三年了，我只觉得偶尔的手淫行为很好玩并伴有性快感，从未产生过思想负担。不久前，我在一本杂志上看到有关于手淫有害的文章，心理负担很重。几次下决心要改掉这种习惯但又改不掉，每次出现手淫行为后我都有种自罪感，整天慌恐不宁。为此，我很苦恼也很害怕，怎样才能戒除这种恶习，请老师指教，不胜感激。

吉林 刘 刚

刘刚同学：

你在信中谈及的手淫问题，是你和同龄人普遍存在的一种现象，请你莫为手淫多焦虑。

上中学后的男生，已进入了青春期，不仅身高、体重、肩宽和骨盆等身体形态会发生迅猛的变化，同时还会相应地出现喉结突起、声音低沉、肌肉发达、长出胡须等体征。在这期间，性器官也随之发育起来，渐渐地长出阴毛，阴茎和睾丸的体积日趋增大。这时多数男生萌发了性意识，产生了性好奇或性冲动，时而会出现阴茎勃起的现象。因此，在这种情况下有些男生在晚间睡前或上厕所时，自觉或不自觉地用手（或其它物件）磨擦刺激阴茎，使其勃起、射精达到性兴奋和性高潮，这就是所谓的手淫。

由于性器官的开始成熟和性意识的觉醒，上初中后的男生与成年男子一样，睾丸和其他附属性器官共同产生了精液，精液不断产生就需要排泄。手淫是尚未达到法定婚龄的男中学生排泄精液的性出路之一，也是消除因性冲动而引起的性紧张和性骚动的一种安全的发泄途径。

《美国精神病学手册》中指出，手淫是标准性行为的一种。当今，国际上广泛被接受的新观念是手淫不是不正常的，又不是对身体有害的行为。手淫纯属正常的生理心理现象，它是初高中男生中存在的一种自娱性的自慰性行为。

本来，有些同学在产生手淫行为时，因年龄小，没有什么心理负担。后来，随着年龄的增长，从一些报刊杂志的不恰当的宣传中得知手淫有害后，开始认为它是一种"丑陋的"、"不道德的"行为，为自己染上了想改又改不掉的"恶习"而陷入了深深的痛苦之中。从上述的分析中应了解到，这种看法和自责是不对的，也是没有必要的。实际上，手淫既不是"不道德的"行为，又不是"恶习"。手淫的对象是自身，不涉及他人，属个人私生活，不违反法律规范和道德准则，不必进行自我道德谴责。

男中学生朋友，我们主张手淫无害，并非倡导手淫，没有体验过手淫的男生，不要尝试，刘刚同学，你虽然有过手淫行为也不要过于焦虑，只要注意把精力放到学习上，积极参加有益于身心健康的丰富多彩的文体活动，在走向成熟的过程中，手淫行为就会自然地消失了。

刘刚同学，如果手淫次数过频，就要考虑对它进行适当地控制了。克服手淫过频的策略很多，这里介绍三点：

一是要自觉地避免不良刺激。要主动杜绝黄色淫秽书刊和影视剧的影响；不和同伴开有关性挑逗的玩笑，不讲述庸俗低级的笑话；注意不穿过紧的内裤；睡眠时不要盖过重的被子或俯卧入睡，以免压迫性器官；不要憋尿，避免由于膀胱过分充盈而引起性兴奋；坚持每晚用清水洗涤性器官，避免因包皮垢的刺激诱发性冲动。如一位高二的男生洗澡时很少清洗性器官，晚间入睡前常常由于阴茎发痒而发生手淫，事后又很悔恨，为此，十分烦恼。后来，每晚做完功课都要清洗性器官，包皮垢清除了，手淫的次数也就减少多了。

二是要积极消除手淫条件。要养成入睡快和醒后及时起床的习惯，这样就能防止在入睡或起床前进行手淫活动。还可改成右侧身睡眠的姿势，以免触碰性器官引发手淫。也可根据实际情况调控自己发生手淫的条件。如一位初二的男生，只要睡觉前把手放在被子里，就要抚摸阴茎进行手淫。一次，在入睡前他把双手故意放在肩膀旁并用短布带将其分别拴在床头上，使手伸不进被子里，更摸不到性器官，结果就避免了手淫的发生。以后，上床后他就采取用这种办法，很快就改掉了手淫的习惯。

三是作减少手淫次数的记录。可在日记中把减少手淫的次数记载下来，这对于增强克服手淫习惯的信心是大有好处的。如范宇之同学在初一时就出现了手淫行为，并且手淫次数过于频繁，有段时间几乎每天晚上都要发生手淫行为。四年来不知他下了多少次矫正手淫习惯的决心，可都无济于事。有次手淫后他竟用刀把右手刺伤，可未等痊愈又发生了手淫行为，这使他完全丧失了克服手淫的信心。后来他在报刊上看到作减少手淫次数的记录能克服手淫的方法。不久，他因感冒发烧，连续两天晚上没发生手淫行为，病好后，他就在日记本上作了记载，当天晚上也没出现手淫行为，又在日记本上作了记录。从那天起，他在日记本上画了记录表，每减少一次手淫就在相应的表格中画一只小手，画一只小手奖励给自己一块巧克力，每月统计一次，若画15只以上的小手，再奖励自己去麦当劳吃一次汉堡包。这样，不到半年的工夫，把手淫的习惯改掉了。刘刚同学，这些都是克服手淫的一种妙法，不信请你试一试！

从镜中人的白日梦说起

张老师：

　　我是某重点高中二年级的男生，再有一年多就要考大学了。原来我的学习优秀，曾获市"三好学生"的荣誉称号，思想积极要求进步，本人担任校学生会副主席。但这个学期以来，我发现自己逐渐变坏，一是越来越爱打扮；二是有时晚间做完功课躺在床上入睡前，胡思乱想，头脑中竟闪现出女孩的形象。追溯产生这种现象的原因，大概要归于自己人生观的缘故。说来真难以启齿，暑假里的一个晚上，爸爸妈妈都出差了，家里只有我一个人。天闷热闷热的，让人都喘不过气来，我一连在卫生间冲了好几次凉，把内衣内裤也洗了，有些疲劳，懒得找衬衣，光着身子，上床就睡着了。那天夜里我做个十分荒唐的梦：

　　夏季的一个中午，我只身一人穿背心和短裤赤脚走在一望无际的大沙漠上。炎热的太阳犹如火箭般地射到戈壁荒原，地面酷烈、蒸腾，我像被烤焦一样寸步难行。实在支持不住了，我便跌倒在沙漠里，闭上双眼等等着死神的降临。忽然，掠过一阵轻风，我慢慢地又睁开双眼，前面神话般地现出一片笼罩在落日余晖里稀稀的桦树林。林间有一个清水潭，水面平如镜，呈天蓝色，映出桦树林的倒影，使棵棵桦树更加繁茂挺拔。我快步跑到潭水边，见一身着红色泳装的少女正在潭中自由自在地游着，我目不转睛地望着她，越看越觉得似曾相识，但不能准确地回忆起是小学同学还是初中的同学。过一会儿，她好像也认出了我，不断地向我微笑致意并约我下潭游泳。我换上泳裤，猛地跳入潭中，和她肩并肩地游啊，游啊，我沉浸在无比的幸福之中。游累了，我们爬上潭边，双双躺在绿油油的草地上。天渐渐地黑下来，我们坐起来，她依偎在我的怀里。突然，我觉得浑身热滚滚，有着一股从未有过的冲动体验，我紧紧地抱住她，亲吻着她……床前的脚步声把我从梦中惊醒，原来是爸爸妈妈出差回来了。在明亮的灯光下，我发现自己怀中抱着枕头，阴茎也流了精液，我羞愧地低下头，急忙用毛巾被遮住裸露的身体。

那些天我的心情一直很不平静，学习之余那场荒诞的梦不时地在我的脑海盘旋。一天晚间，学校留的作业很多，做完作业都夜里 12 点多了。洗漱后有些兴奋，躺在床上翻来覆去地睡不着，这时不自觉地在头脑中编织着故事：

想到我在某工学院毕业了，得了工科学士学位，在系里召开的欢送毕业生的联欢晚会上，我站在讲台前，代表应届毕业同学进行了慷慨激昂的讲演。在校低年级的几位女生一齐跑上前来，为我献上一束束的鲜花。联欢开始后，我们班的一位女同学邀我跳舞，那悠扬的音乐，轻盈的舞步使我十分陶醉。她拉着我的手走出会场，我们慢步在校园的林荫小路上，借着皎洁的月光，我看见她在凝视着我，我突然感到有些紧张、不安……

平时上课我还能专心地听老师讲课，回家也能用心复习功课并按时完成作业。但是，茶余饭后尤其是睡觉前，脑子里准会冒出些邪念，一会儿想到歌星，一会儿又想到影星，而且多数都离不开女孩的事。有时冷静下来，我感到很恐怖，怕因此荒废了学业，我只好向老师求助，请您告诉我怎样才能摆脱这种窘境。

上海　龙若非

龙若非同学：

你在信中谈到的这几种情况，均属你和同龄人所共有的在青少年期常见的正常心理现象。

人在出生后 6 个月左右的乳儿期中，会出现一些奇怪的现象。每当父母无意识地把他（她）抱到镜子跟前时，尽管他（她）尚未意识到镜中的形象是怎么回事，但会对这种形象感兴趣，并随之产生愉快或好奇等情绪体验。一般把这种现象称为"第一镜像阶段"。初中和高中的学生进入了少年期和青年初期，他们在自我意识中已形成了关于体态与仪表的观念，他们关心自己的身体形象，注意自己的服饰、发型，喜欢受到同学们的好评。无论是出于自我欣赏还是自我反感，都会在镜子面前耗去不少时光。人们又把这种现象称为"第二镜像阶段"，也有人干脆把青少年统称为"镜中人"。虽然爱打扮是初高中生普遍存在的心理现象，但这种打扮一定要适度。要考虑家庭的经济状况和消费条件，也要考虑学生的社会角色，不要因过分追求衣着打扮而贻误学习。

人人都会做梦，梦是在睡眠状态下发生的想象活动。人觉醒时接触外界客观环境，获得了丰富的感性材料，经人脑加工成经验或表象，在睡眠状态下，这些经验和表象中的一部分重新呈现出来，就成了梦的内容。由于人入睡后与外界的相互作用减少到最低限度，中枢神经系统的生理活动也有异于觉醒时，头脑中的经验和表现重新组合的方式与觉醒时不同，因此，梦的内容虽然取材于现实生活，梦的情景却常显得离奇古怪。同时人的某些需要或愿望，体内某些生理刺激在觉醒时可能受到抑制，但通过梦境就会直接或间接地得到一定程度的表现。

处于性意识萌动的初中生或高中生，他们的梦常带有性欲的内容，故称为性梦。

一般说来，男生的性梦多于女生，其内容多半是与异性交往或嬉戏的场面，性梦中的异性都是陌生的或只有一面之交的。男生性梦中的形象是鲜明生动而强烈的。男生在性梦中常伴有遗精，不少刚跨入少年期的初中男生的首次遗精多是在性梦过程中发生的。女生性梦中的形象则多是平淡却值得留恋的，她们在性梦中有的也出现从阴道排出粘性分泌物的现象。

龙若非同学，你有过性梦经历，但不必为此担忧，这说明你正在成长，也是向成人过渡的必要环节。但是，如果性梦多次反复出现，多少会干扰你的正常学习和生活。那么，怎样减少和防止性梦的出现呢？

首先，要了解日有所思夜有所梦的道理，性梦和日常生活中所闻所想不无关系。袁惠临在高一读书时，有天晚间看了一个香港反映40年代生活的电视剧，其中有个去英国留学归来的男青年用花轿娶亲的场面。当时他就想我要赶上那个年代，娶媳妇时也坐上花轿该有多好。谁知当天夜里就圆了他这个梦：他穿着长袍马褂，披红戴花，骑着一匹高大的枣红马，意气风发地走在前边，后面跟着一个八抬花轿。迎亲的队伍在一座四合院门前停下来，在喜庆的唢呐和锣鼓声中，袁惠临下马、掀开花轿帘，走出花轿的是一位亭亭玉立的窈窕淑女。正当新郎和新娘要拜天地时，闹表响了，这才打破袁惠临的美梦。

后来还有几次，他看过有关爱情方面的影视片或小说，把自己摆进去时曾出现过类似的性梦。为此，他很烦恼。于是，就想了一个办法，在录音机里录上了"袁惠临请不要胡思乱想"的话，看完有关的文艺作品，就打开录音机听一遍。果然很有效，他的性梦减少多了。

其次，要把主要精力放到学习上，培养学习兴趣和习惯，少看或不看带有性刺激方面的书刊。

其次，在课余时间，多参加些健康有益的体育或娱乐活动，使自己的精神生活充实些。这样，性梦自然会减少。

初中生或高中生还有一种和性梦相似的心理现象，叫做性爱白日梦，又称性幻想或精神"自淫"，它是中学生在觉醒状态下进行的一种含性内容的想象，既是个体经验的反映，又是社会文化的产物。中学生的性爱白日梦，多以"连环画"的形式出现，一个"连环画"就是一篇想象的小小说。初中生性爱白日梦的内容涉及体育运动和冒险活动的较多。高中生性爱白日梦的内容则涉及恋爱婚姻方面的较多，梦中出现的异性一般都不是特定的对象，而是头脑中原来储存的异性表象的重新加工和组合。

美国有项调查，17岁以后到结婚前的男子中51%的人都曾有过这种性爱白日梦，它属于个人的隐私，非第二人所能窥探。性爱白日梦是一种性冲动活跃的不可避免的结果，是正常的心理现象，不必为有过白日梦的体验而自责。它不仅没坏处，而且对日后性心理的正常发展是大有益处的。

性爱白日梦过频的同学，要学会采用注意转移法，当出现白日梦时可翻翻杂志或喝杯水，这样，定会从白日梦中解脱出来，投入到学习或其他活动中去。随着岁月的流逝，白日梦迟早会与你告别的。

摆脱异性不注意自己的苦恼

张老师：

我在初中的时候，很少和女生说话，有时甚至还对女生有偏见、反感。不知为什么自从升入高中后却产生了与女生接触的愿望，而且随着年级的增高，这种愿望越来越强烈。现在我已是高中三年级的学生了，很少有女生注意我，为此，我有一种失落感。有一天发生一件事，使我很烦恼。团支部组织一次"大显身手"的团日，要求参赛者参加三项活动，每项活动的产品必须被同学选中，其中要有一半男生和一半女生选走新产品方能获胜。

第一项活动是"赠条幅"，我和同时参赛的四位男生，用毛笔写五张条幅。我小时练过书法，字写得很漂亮，挥笔一连写了五条"祝你金榜题名"的条幅。其他同学有的写"祝你万事如意"，有的写"祝你一帆风顺"还一个同学写"祝你考上大学"。第一轮比赛结果，其他同学写的条幅很快被同学抢光了。在我写的条幅中，只有男生应得的那三张被同学夺走了，而应该女生得的那两张，仍放在原地。

第二项比赛为雕刻"拼盘"，给的原料有菠萝、萝卜、西红柿和煮熟的鸡蛋。我们组其他同学清一色都是按高一上的烹饪选修课的要求，用萝卜雕刻的牡丹花。惟有我选用的原料是煮熟的鸡蛋，先把鸡蛋皮剥掉，精心地制成四只栩栩如生的小白兔。当时，我心想这次女生定会喜欢这小精灵，肯定会被她们争先恐后地拿走。谁知哪个女生都没有动这可爱的小白兔。我真觉得有些心灰意冷。

最后一项比赛是削苹果皮，尽管我已像泄了气的皮球一样，但我仍打起精神一口气削完了四个苹果。不仅削的皮薄而且削掉的皮还包在苹果肉上，像没削时的模样。这在参赛的同学中是独一无二的。比赛结束了，同学们走出教室，我独自坐在一个角落里，望着那两只削好的苹果，不由得流出泪来。

回到家里，我的心情久久不能平静，慢慢地我从烦恼中解脱出来。认真地思考这个问题，平时我和女生没发生过矛盾，她们对我也从没有什么成见，从这个角度上讲，她们选我的产品是正常的，不选我的产品照样是正常的。

夜已经很深了，我没有睡意，刚才已经解决的问题尚未排除我的脑际，它一直在缠绕着我。我开始认识到，在这个问题的背后，还有个深层次的问题，我烦恼的根本原因不在于女同学是否选走了我的产品，而透过这件事反映出的是女同学注不注意我，也可以说，我特别重视自己在女生心目中的位置。

我们班级有几名男生，和女生交往很自然，经常和女生在一起谈笑风生，我很嫉妒他们，说得确切些我是很羡慕他们。

张老师，我的这种想法已经存在很长时间了，我觉得这种想法是不对的，但我无论怎么想摆脱都无济于事。我害怕这种思想发展下去，会影响我的学习和正常生活。我诚恳地希望老师能告诉我怎样才能摆脱这种思想的干扰。

长沙　苏之鲁

苏之鲁同学：

升入初中后，男生普遍讨厌女生。由于生理的迅猛变化，性意识逐渐发展，男女生真正了解到他们间性生理上的差异，并由此带来害羞、不安，出现男女生互相疏远、厌恶的时期，一般称为疏远异性期，或称异性反感期。大约要持续半年到一年左右。

在这个阶段里，班级的男女生界限分得很清楚，他们从心底里彼此有反感。男生对女生的态度冷淡且粗暴，常有公开的批评甚至是诽谤。

随着青春性萌动期的发展，男生由讨厌女生渐渐变为不讨厌女生。相继地出现了接近异性期或异性爱慕期。高中生正是属于这一时期。这时，高中男生产生了对女生的向往与倾慕，这种向往和倾慕可分为非现实性对象和现实性对象两种情况。前者如对电影或电视中出现的女中学生的形象很感兴趣；后者表现为对本校尤其是本班的女生有好感。

这种情感吸引主要表现在两个方面，一方面，男生喜欢在女生面前表现自己，有意地显示自己的风度和才能，以引起对方注意，希望得到女生对自己的肯定。

高二（4）班男生宋永康，1.83米的个儿，长得很帅气，学习好，篮球打得也好。一天下午，校学生会组织篮球联赛，他们班的体育委员让宋永康参加。他看到班里的女生都在闷头看书学习，就懒洋洋地说："实在抱歉，我昨晚学习到12点多钟，全身疲劳，恐怕不能坚持打完一场球，还是先让其他同学上场吧！"体育委员无可奈何地扫兴而去。比赛开始后，班里的同学全到操场上助威去了。宋永康自己坐在教室里也学不下去，就索性去了篮球场。这时，他们高二（4）班和高二（1）班同学的比赛十分激烈，不到五分钟，高二（1）班队员连续投进了三个球。在场外的高二（4）班的同学急坏了，几个同学借换人之机硬把宋永康推上了场。这时，场外的观众沸腾了，大家不断高呼："高二（4）班加油！""宋永康加油！"宋永康看着本班同学尤其是女同学对他寄以重望的样子，他觉得浑身是劲，如猛虎般地穿梭在队员之间，这半场，他一个人投入七个球，终于把高二（1）班战败了。下场时，几个女同学给他送来了矿泉水，他觉得心里美滋滋的。

另一方面，男生对女生的情感具有隐蔽性。他们在与女生接触时情感交流是隐晦的、含蓄的，常以试探的方式进行。有的男生借口与女生说话，主动帮助女生解决困难以期得到对自己情感反馈的信息。

高中三年级的傅明川，平时和同桌的女生顾雪莲经常讨论学习中的问题，他们的学习成绩均在年级名列前茅。高考前，顾雪莲得急性胸膜炎住院了，傅明川为她很着急，有时坐卧不安，心里七上八下。同学们邀他一同到医院去看望，他却淡然谢绝，装出漠不关心的模样，惟恐别人窥探到他心中的秘密。这段时间里，他日以继夜地把老师留的各种模拟题，认真地作了两份。一天他到医院看望顾雪莲时，漫不经心地从书包里取出一叠做好的各科试卷说："我在家没事时做些题，不知道你有没有用途，如果有用就留给你，若没用你就随便丢掉好了。"顾雪莲接过这工工整整做好的厚厚的各种练习题如获至宝，流着热泪说："太感谢你了。"傅明川很平静地说："没什么。"但在回家的路上，他十分高兴，好像从来没有过这种高兴的情绪体验。

大多数高中的男生都喜欢和女生一起参加集体活动和课余的各种社团活动。更喜欢几个男生和几个女生的小群体交往，一起谈论学习，发表对各种事物的看法。一般说来，高中男生还没有对特定女生的倾慕，只是对异性群体的一种倾慕而已。这是高中男生，随着青春发育期高峰出现所产生的正常的心理现象。

高中男生要引起女生的注意，是渴望与女生交往的表现，男女生交往有以下几点好处：

一、有利于情感发展的补偿

高中男女生之间的情感大都是纯洁可以不带有爱情色彩的。他们之间的情感交流能够使对方得到补偿，达到心理平衡。一般说来，男生的情感粗犷热烈、奔放外露；女生的情感则较细腻温和，富有同情心。有的男生出现难堪或不幸事件时，通过向女生倾述，会在同情声中平静下来。有的女生若遇到挫折感到愁苦时，在和男生交谈的过程中，又会在鼓励声中振作起来。这种异性间的情感交流是在同性同学身上得不到的，这对他们情感的发展是有益处的。

另外，男女生通过共同的活动，异性间心理接近的需要得到了满足，会使他们获得不同程度的喜悦感并激发起内在的活力和积极性。

二、有利于人格的和谐发展

高中男女生若只在同性的圈子里交往，尽管他们（她们）人格间也存在差异。但这种差异远不如异性间个体差异那么明显，因为异性间交往，彼此间的情感、意志、能力和行为特征等差异均比较大，这样，在人格发展过程中会较大范围地取长补短。在交往中通过不断地学习、模仿、渗透与反馈，使男女生的人格都会朝理想方面和谐发展。

三、有利于增进心理健康

临床资料表明，有些性变态的患者，起病于长期对异性怀有自卑、胆怯或不满等心理因素。因此，高中男女生加强交往，满足异性间的心理需求，是发展他们社会适应能力，提高心理健康水平的重要措施。

至于如何与异性交往没有什么清规戒律，但一定要注意交往的普遍性。多参加些有异性在内的文体活动，主动和她们探讨些学习问题等。只要肯实践定会蹚出一条怎样与异性相处的路子。

警惕苦涩的初恋

张老师：

再过 4 个多月我就要参加高考了，可近一个时期，我经常失眠，学习成绩也由全年级的 53 名降到 107 名了。每当想到这些我就心乱如麻，结果又导致学习时注意力不集中，形成恶性循环。为此，我不知哭了多少次，请老师救救我这个 19 岁的女孩。

事情是这样的：

我在高一的时候，学习成绩为中下等，全年级 490 多人，我勉强能排到 300 名左右。高二开学时，我们班来一位寄读的男生叫何天求，因我座位旁边原来是空位置，后来，他就成了我的同桌。

何天求的母亲原是上海知识青年，30 年前插队来到北大荒。后来，和当地知识青年结婚就扎根到那里当了小学教师。何天求上高一时，妈妈按国家有关政策把他的户口落在了上海的外婆家。因此，去年他随父母迁到省城便成了我们班惟一的一名寄读生。

何天求个子不高，浓眉大眼，聪明绝顶。来到我们班不到一个月就初露头角，期中考试名列年级第三名，一下子在同学中享有了极高的威信。

在何天求的影响下，我渐渐地对学习也发生了兴趣。他待人热情又有耐心，有时一道数学题反复为我讲好几遍，不仅为我讲解题方法，还给我讲思考问题的策略。由于他的帮助，我的学习进步很快，到高二下学期期末考试，我已进入了年级的前 60 名。同学羡慕我，老师表扬我，父母也夸奖我。

一天放学后，我正收拾书包准备回家，何天求手里拿着一封信兴高采烈地走进教室。他坐在桌前拆信时，从信封里掉在地上一张照片。我捡起来一看，是何天求的海滨照。他身着红色泳裤，强健的体魄在阳光下显示出无穷的力量，炯炯有神的双眼挑战般地凝视着波涛滚滚的大海……我边看照片，边情不自禁地说："真棒！"何天求抬起头，红着脸小声说："送给你吧！"我不加思索地将照片放在口袋里，飞快地跑出教室。

不久，我因骑自行车不小心摔倒，造成右腿小腿骨折。住院期间，每天晚上何天求都悄悄地来到病房帮我补习功课。为我讲物理、化学，帮我演代数，背英语单词……出院后的那次模拟考试，我在年级排的名次不仅没下降，反而还上升两名。

不知从什么时候开始，我有一种莫名其妙的感觉，那就是何天求对我有股特殊的吸引力，双休日见不到他总觉得心里空荡荡的。他对我也更加关心体贴了，天冷了提醒我增加衣服，放学时，先把我送到家门口，他再返回家去。

我们彼此谁也没有坦白地表明什么，但我意识到爱情的种子在我们心底里渐渐地萌发了。

高三的寒假，学校一直在补课，春节期间放了 8 天假。大年初二，我们第一次相约去旱冰场和保龄球官等游乐场所痛痛快快地玩了一天。那天，我们像在氧气瓶里生活一样，开心极了。

冰雪消融，早春降临，高中最后的一个学期的紧张生活开始了。我与何天求都日以继夜地专心温课备考。一天何天求突然接到外婆的电报，让他火速去上海复习以便参加当地高考。不到一周的时间他就踏上了南下的列车。

他走后的那几天夜里，我看着他的那张海滨照默默地落泪。现在已经一个多月了，我的情绪一直很低沉，不管怎样提醒自己都不能安心学习，成绩显著下降。真不知如何是好，请老师速回信指教。

孟小燕同学：

从信中得知，你和何天求同学的关系已从友谊发展到了初恋。目前，高中学生的初恋现象有一定的普遍性。尽管从学生人数的比例来说，初恋的人数不一定很多，但几乎每一所高中都有这种现象。

高中阶段的男女生正处于豆蔻年华，他们向往异性友谊，寻求异性同伴的理解，这是高中生心理需求的反映。然而，他们在友谊与初恋之间都无法划出一条明显的界限。两者往往会交织在一起，犹如色彩各异的并蒂莲，初恋是异性友谊发展与升华的结果。

高中生的初恋有两个特点：

一是朦胧性。高中生已进入了青年初期，他们对许多问题已有了自己的独立见解，但对爱情的认识却很肤浅。他们初恋的基础是异性间的相互吸引，这种相互吸引有时仅停留在看对方顺眼和与自己的兴趣相投上。他们并不懂得爱情的真正含义，不理解爱情需要承担的社会与道德责任。他们主观地为对方套上理想的花环，他们更多的只是关心神圣的单独相处，浪漫的眉目传情。在现实生活中会对爱情生活产生很多疑问，感到惶惑不解。

二是闭锁性。青春期的心理特征之一是闭锁性。高中生的心里话不愿向老师讲，更不愿向父母讲。关于初恋问题他们更加隐蔽，常常把心里话写在日记里或通过邮局给对方投递情书，通过各种秘密的渠道表达相互的情感。

其实，高中生的初恋，可以叫早恋，即不到恋爱年龄而进行的恋爱。从性意识发展上看，早恋是很自然，很正常的的现象。高中生对特定异性对象的好感、爱慕也是十分纯洁的。但因为他们的身心发展尚未完全成熟，自我意识的发展也在逐步完善，经济又未独立，所以还不能正确处理恋爱这一复杂的问题，到头来初恋只能给高中生带来难以自拔的苦痛。那么，高中生怎样才能摆脱初恋的情网呢？

首先，要提高对初恋危害性的认识。

高中时代是人生读书学习的黄金时代，也是职业选择，走向人生的准备阶段。高中生精力充沛，求知欲旺盛。高中阶段是积累知识、增长才干，奠定人生基础的重要时期。初恋会给高中生增加些不必要的烦恼。大量事实证明，高中生谈恋爱后，情感往往为对方所牵制，学习没有不分心，成绩没有不下降的。

正在初恋的高中生朋友，要用理智战胜情感，既然认识到初恋是一个苦果，自己又无能力很好地处理，就应忍痛割爱，为不贻误各自的前途，最好终止恋爱，恢复正常一般同学的关系，争取在学习上取得更大的进步。吴梅和康大力入高中后都被选为校学生会干部，一个是文化部长，一个是体育部长。他们都是学品兼优的学生。高一学年结束时，他们都被选为市三好学生。由于工作上经常接触，相互帮助，他们逐渐地产生了情感，吴梅成了康大力心中的"白雪公主"，康大力也就成了吴梅心中的"白马王子"了。他们经常瞒着父母给对方打电话，写情书。由此造成上课走神，学习成绩突然下降。后来，在老师和家长的耐心帮助下，他们愉快地分手了。半个学期后，学习成绩又上升了，毕业时均考取了重点大学。

其次，要学会和异性朋友终止恋爱的策略。

初恋对男女同学双方都有极大的吸引力，从思想深处认识到初恋的危害，做到形式上的分手比较容易的，但是要想彻底抛掉情感的牵连却不是轻而易举的事。怎样做到真正结束恋爱关系呢？要做到以下几点：

第一，隔离法。初恋的男女同学提出分手后，要控制自己不再单独和对方幽会，也要中断电话或书信联系。除参加同学的集体活动外，要杜绝一切两个人的接触机会。这样，就能冲淡双方业已"浓缩"起来的恋爱关系。

李大光和于春敏在初中就同班，到高中后又分到了一个班。高二时他们便相爱了，他们每周六都要去南湖公园会一次面，晚间经常借学习为由互通电话。结果双方学习均大幅度下降。后经老师和家长耐心劝说，两人分手了。为防止周六幽会，于春敏那天让妈妈陪自己逛商店。李大光在电话机上贴了"请勿通话"的纸条。一个月过去了，他俩又专心致志地投入了紧张的学习生活。

第二，冷冻法。初恋的情感是很强烈的，要淡化这种情感需要有个过程。结束恋爱关系后，男女同学都要把自己的情感封闭起来，在任何时间或任何场合都不要向对方吐露自己的情感，慢慢的这种情感就会消失了。

　　暑假里，在双方家长的说服下，邱颖和郝新民结束了恋爱关系。在最后一次谈话中，他们约定把对方给自己的信件焚毁，并把互相赠送的照片还给对方。开学后，他们像陌生人一样，下课和午休时再不像从前那样没完没了的谈话和在一起吃东西了。同时各自都注意多和广大同学接触，赫新民每天吃完午饭都要和男生打一场篮球，邱颖则在教室里和女生在一起聊聊天或唱唱通俗歌曲。他们不单独接触了，生活倒很有情趣。不到半年的工夫，他们间的情感真的淡漠了。

　　第三，情感转移法。积极参加集体活动，加速情感转移。

　　要创造各种条件，自觉参加学校所开展的科技、文艺或体育活动。主动开辟一个宽松和谐的男女同学集体交往的环境。在活动中和异性同学进行广泛的情感交流，把自己从对特定对象的情感中解放出来。

　　除了上述谈到的一些方法外，因为这段时间的感情空缺，也要注意，也要把握与其他异性交往的分寸，锻炼以理智冷静地控制自己情感的能力。情感自控能力的加强也是一个人成熟的表现。

　　孟小燕同学，望你能尽快地从苦涩的初恋中解脱出来，把全部精力投入到学习中去，相信你在不久的高考中会打个漂亮仗的。

来自内心的烦恼

自我既是认识的主体，又是认识的客体。从初中阶段开始，儿童时期那种稳定的、笼统的"我'被打破了，分化成了两个"我"：即观察者的"我"和被观察者的"我"。逐渐认识到自己在小学阶段从未被注意到的"我"的许多方面和细节。

高中阶段要比初中阶段更善于从旁观者的新视角来观察自己、更善于内省、思考自己和自己的问题。高中生从"浑沌之我"、从无"我"的蒙昧状态中苏醒过来。他们长久地沉浸在自己的内心世界中，对周围的事物不屑一顾。

其实，处于这一阶段的初高中生的心理还是不成熟的，也是缺乏自信的。他们还需要对自我进一步冷静地认识，也需要成人助一臂之力。

窥探多彩的内心世界

张老师：

这些天我非常高兴，因为中考我得了641分。虽然还没发录取通知书，但老师和家长估计，我进一类重点高中是不成问题的。

趁暑假没事，我收拾一下自己的房间，为上高中做好准备。在清理小学和初中的作文本时，我发现了两篇题目完全一样的作文，这两篇作文的题目均是《我是个怎样的人》，一篇是小学五年级时写的，另一篇是初中二年级时写的。尽管都是记叙我自己的，有趣的是两作文里的主人公竟判若两人。

第一篇作文中写到："我是五（2）班的学生，老师说我最大的优点是热爱劳动。在一次大扫除中，我和另两名同学被分配去扫厕所。当我们发现大便池由于堵塞，脏水四溅时，那两位同学急忙跑去找老师。我当时奋不顾身地踩入脏水，立即用手将堵塞便池的烂纸等物掏出来，待老师他们赶来时，我已经把厕所打扫得干干净净了。"

"在家里妈妈说我听话，让我干什么就干什么。妈妈常嘱咐我，若我自己在家时，无论什么人来都不要开门。一次，星期三下午没课，我在桌前写作业。外面传来一阵急促的敲门声，我趴门镜一看是舅舅。他连声喊：'我是你舅舅，快开门呀！'我只说了一句：'妈妈不让开门。'然后又回去写作业了。不管舅舅在外面怎么喊，我像没发生任何事似的，坐在那里继续写作业。一气之下，舅舅当天便乘车回农村了。晚间，妈妈听说后，表扬我做得对，说这能使坏人无可乘之机，当时我像做了一件十分了不起的事似的，心里很安然。"

事隔三年后的第二篇作文中则写到："我不太在乎老师的评价，我觉得最了解我的莫过于自己了。一次上劳技课，老师让同学自己准备材料做手工。我用几片枯黄的树叶，精心地剪成一只母鹿，又做了一只正在母鹿腹下吃奶的小鹿。剪完后，贴在一张图画纸上，交给老师。下课前，老师在总结时表扬了我的同桌肖玉莲，她做的是布贴，画面上是妈妈领着一个学步的小孩。老师说她的作品歌颂的是母爱。当时，我心里很不服气，觉得自己的作品同样是歌颂母爱的，比肖玉莲的作品更含蓄、更有诗意。尽管我的作品没收藏在校劳技室展览园地上，我却把它挂在了自己的床头上。"

"这些天，妈妈匹一点小事就唠叨起没完没了，父母和孩子间是平等的，家长的一举一动不一定是对的，孩子的一举一动不一定是错的。应该是谁对听谁的，谁有错谁就改。一天晚上，我在卫生间洗完澡，把袜子丢在洗脸盆里，准备写完作业再洗。妈妈发现后，批评我"这是不良习惯"、"不文明的表现"等。并逼着我去洗袜子。虽然我照她的要求把袜子洗完了，但让我很不痛快，那个晚上都没学习好。"

张老师，我重新阅读了上述两篇作文，真没想到三年间我的变化是这么大。现在老师说我有主意了，妈妈说我翅膀硬了。我听得出来这些话是贬义的。你说我这是变好了还是变坏了，今后我该怎么办呢？

南京　杨忠仁

杨忠仁同学：

你来信谈的问题也是同学们经常遇到的一个问题。这是你成长过程中必然要出现的一种心理现象，当然是好事了，这说明你长大了。

上初中后，同学的体貌特征逐渐接近成人，因为这种生理变化犹如暴风骤雨般来得那样突然，使他们感到惶恐不宁的同时，慢慢地将自己的注意力从外部世界转向内部世界。在洞察身体变化的同时，也开始洞察自己内心的变化。他们对"我"的问题不仅感兴趣，也想探索个究竟。这便是自我意识的第二次飞跃。

可见，同小学生相比，初中生已经对自我的内心世界产生了较深刻的认识，他们第一次发现：不仅外面的世界很精彩，内心的世界也很精彩。

这一时期的主要标志是初中生渐渐摆脱了儿时对客观世界的迷恋，开始闯入探究"自我"问题的迷宫。在这个当儿，应清楚地认识到，已经迎接来了自我意识的高涨期。

初中生的自我意识包括三种基本的心理成分，即自我评价力，自我体验力和自我控制力。

一、初中生自我评价能力

初中生的自我评价是指他们对自己的认识、情绪、能力、行为和性格等特点的判断和评价。

升入初中后，同学逐渐摆脱父母、老师等成人评价的影响，产生了独立评价的倾向。他们独立自我评价的能力是随年级的增高呈递增趋势，到初中三年级时才能达到较稳定的水平。

初中生自我评价能力发展主要表现在以下三个方面：

一是自我评价的抽象性提高。初中生的自我评价已初步地过渡到从抽象概括为主的抽象性评价阶段了。但还没有完全脱离注意外部表现或结果的具体性评价。

二是自我评价的原则性和批判性相继而出现。他们能把社会准则、道德规范纳入自我评价之中，也注意到把自身行为的后果作为自我评价的标准之一。只有与社会准则和道德规范相一致的自我评价才可能成为正确的自我评价。如果一个人的自我评价缺少原则性和批判性，这种评价就会使他产生错误的行为。

三是自我评价的独立性缓慢发展。独立性是初中生自我评价能力发展中的最缓慢的一环。他们十分重视同伴的看法和评价。他们认为同伴最理解自己，同伴的评价最现实，因此，同伴的评价对初中生自我评价的发展有着十分重要的影响。

如果一个人的自我评价完全受别人评价左右，他就将成为别人评价的顺从者。他的行为会从属于别人言论的压力，他的情绪将受到别人评价的。因此，自我评价的独立性应当受到格外的重视。

二、自我体验的能力

初中生的自我体验是指他们对自己的情绪和情感和认识，体会和态度。

初中生自我体验能力的发展比自我评价能力的发展要迟些。因为自我评价能力与掌握科学文化知识有关，它与认识能力的提高密切相关。情绪和情感要通过认识的折射，在一定程度是要受到认识水平的控制。所以，初中生的自我评价能力和自我体验能力的发展出现了不同步的情况。

初中生自我体验能力的发展，集中地表现为自尊感方面。自尊感也叫自尊或自尊心，它是指社会评价与个体自尊需要之间关系的反映和由此引起的感性体验。这种自尊需要，大体上包括两个方面的内容：一方面是社会尊重需要，是指初中生希望受人尊重，被人认可，愿意享有威信等等。另一方面，是自我尊重需要，是指初中生有自信，荣誉和成就的要求等。

总之，初中生不仅有强烈的自己尊重自己的需要，而且也希望别人尊重自己，并希望自己的行为能得到社会的承认，很注意在学校或班级的声誉。谭谦是农村一所寄宿学校的初中二（2）班的学生。他学习成绩优秀，在全年级排第二名。他的字没有同桌同学廖梦生写得好。一次语文考试发卷时，语文老师当全班学生的面表扬了廖梦生的字写得漂亮。从此，谭谦一个学期的节假日没有回家，抓紧一切时间苦练写字本领。一年后，学校举办硬笔书法比赛时，他到底荣获了第一名。

初中生自尊感的体验很容易出现波动。当自我需要得到满足时，会增强自信心，在学习或活动中会取得进步。初一（3）班的孔小燕，原来外语成绩较差，在一次考试中，得了 81 分，受到老师表扬。回家后要求父母请家教，并更加努力学习外语，进步非常快。一年后，成为班级成绩优秀的 4 名同学之一。

当社会评价和初中生的自我尊重需要产生矛盾时，往往情绪就会产生波动，甚至影响学习成绩。董波在初二时，学习中等，在班级里表现也不错。有一次老师在他的语文作业本上写了"学习不认真"五个字，他觉得很委屈。从此，产生了和老师对立的情绪，无论上什么课都不注意听讲。结果，学习成绩大幅度下降，期中考试时，10门功课有4门不及格。

由于初中生自我体验突然增强，会引起许多消极的情绪。因此，当学校、老师或同伴没满足自己尊重的需要时，需冷静地分析一下出现矛盾的原因。如果是由于自己主观努力不够造成的，要下决心改正缺点，用实际行动缩短其距离。如果责任在对方，要本着"有则改之，无则加勉"的态度对待，使自己的情绪逐渐稳定下来。

三、自我控制的能力

初中生的自我控制是指他们对自身的心理或行为的掌握。

初中生的自我调控是通过他们的自我教育手段实现的。

初中生自我调控的动因来自于自我需要。上初中后，同学将社会需要，如学校的规章制度，老师的要求和家长的期望逐渐地变为他们内在的自我需要。随着这一转变的到来，他们就会把这些要求变为自觉行动。实际上，这种转变是初中生通过自我教育实现的。在自我教育中，他们会采取各种自我激励的手段，如自我鼓励、自我暗示、自我命令和自我监督等方法，有目的、有针对性地把社会需要变为自我需要，最后付诸于行动。

初中生自我控制能力的发展存在着明显的年级差异。相对而言，初一学生自我控制能力较差，他们仍保留着小学时依赖老师的习惯，比较听话和守纪律。初二学生容易放松自己，所以，成绩是明显分化，纪律性较差。初三学生学习的自觉性增强，自我控制能力也较强。

尚保国在小学时曾担任过大队长，品学兼优。上初中后学习有点吃力，但各科成绩均在80分以上。初二上学期中因有一科不及格就失去了信心，对自己要求越来越不严格。初二结束时，学习已无法赶上进度了。无奈，只好留级一年。

就整体看，初中生自我控制能力的发展还是初步的，其稳定性和持久性都不够理想。自我控制能力较强的学生，学习成绩都比较好些；相反，自我控制能力较差的学生，学习成绩则都比较差些。

杨忠仁同学，我希望你及你的初中生朋友们，在学习活动中应从小事做起不断提高自己的自我控制能力。如爱迟到的同学，要进行自我命令，杜绝迟到现象的发生。若再发生迟到现象可罚自己为班级扫一次地。以此来强化自我控制能力的提高。课堂上不爱发言的同学，可在文具盒上贴个纸条，上面写到："请积极发言"，它可提醒你主动发言，也自然会帮助你不断提高自己的自我控制能力。

透视自我的三棱镜

张老师：

　　我小时候无忧无虑的，只知道拼命地玩，很少顾虑有关"我"的事。长大了，尤其上高中后，不知为什么，脑子里整天和"我"打交道，常常由此引发一些烦恼。

　　我出生后，左胳膊上有块黄豆粒大的黑痣，我长它也长。在小时候，那块黑痣就有豆角粒大了。夏天，穿短袖衣服时，小朋友经常观看我那块黑痣，有的还开玩笑地说，那是肘关节里长出的黑珍珠，是无价宝。那时，我毫不在意，好像那块黑痣和我一点关系没有。

　　上高中后的那个冬天，我和几个同学去浴池洗澡，照镜子时发现自己的那块痣已有鸡蛋黄大了，顿时产生一种不愉快感，尽管同学们看后都没说什么。从此，我再不让那块黑痣暴露在光天化日之下了。

　　去年夏天，妈妈出差去深圳给我买了两件高级真丝短袖衬衫。回来后，妈妈几次催我穿那两短袖衬衫，我像没听见一样，无论天气多么热，我天天都穿着那件长袖衬衫，有时晚间洗了，第二天早晨没干透，我就半湿不干地又穿上它走了。

　　我去过几家美容院，决心要修掉那块黑痣，可一打听手术费需700多元。后来，我背着父母给在美国读博士的舅舅写信，他给我寄来100美元。我就偷偷去美容院做了手术，妈妈发现后，我还和妈妈闹个半红脸。

　　原来我是当一天和尚撞一天钟，什么前途理想统统不知道是怎么回事。上高中后，我渐渐发现自己也在悄悄地设计未来了。在初中时，我的各门功课都很好，但不知道为什么而学习，只知道打了高分挺光彩的，老师表扬，家长也满意。

到高中后，相对而言，我对化学的学习兴趣不那么浓，但成绩也没下90分。一次，同学们拉我去展览馆参观玻璃工艺制品展，我们像进了水晶官一样。玻璃制的鱼在水中栩栩如生，自由自在地觅食、追嬉；那纷飞的彩蝶竟敢和蝴蝶泉边的群蝶媲美；最引人注目的还是16层玲珑剔透的玻璃球……参观归来，我开始对化学产生了浓厚的兴趣，不仅刻苦地学习化学课，还用业余时间学习大量有关化学的科普读物，立志将来当一名化学家的理想越来越坚定。

前天，学校召开家长会，研究我们高三应届毕业生报志愿的事。爸爸妈妈坚持动员我学医，我决心要学化学，爸爸妈妈见我很执著，也就同意了我的意见。

张老师，您说我的这些想法奇怪吗？其他同学也有这样的想法吗？

郑州　金在龙

金在龙同学：

你说的情况是同龄人共有的一种心理现象，也是高中生自我意识发展过程中必然要出现的心理现象，就是我们平时所说的自我意识的矛盾问题。

高中生自我意识发展的过程中，常常会产生这样或那样的矛盾，主要表现为主客观的矛盾。

首先，主观自我与社会自我的矛盾。

主观自我是个人对自己的认识与评价；社会自我则是他人对自己的认识与评价。主观自我与社会自我，即自我评价与他人评价之间的矛盾，是高中生自我意识中带有普遍性的矛盾。

一般说来，主观自我与社会自我之间的差异随评价内容的不同而不同。

在智力和气质方面，自我评价与他人评价之间的差异较小。也就是说，高中生对自己的观察能力、记忆能力、想象能力、思维能力以及注意能力等评价是较客观的，符合实际的，和他人对这方面能力的评价是趋于一致的。他们对自己心理现象的动力特点即气质的评价也是比较客观的，具体表现为，高中生对自己脾气好坏的评价，基本上接近于同学的评价。

在对自己相貌方面，自我评价与他人评价的距离就大一些。高中生对自己身体形象是比较关注的。他们都以新的方式来感知自己的生理面貌，比较注意和关心自己的外貌，如身高、体重和服饰等，喜欢受到别人的好评。男生对自己的外表满意的较多，女生则对自己的外表不满意的较多。但无论男生和女生，在对自己外表评价时，自我评价常常略低于他人评价。所以，在高中阶段，有个别同学容易成为所谓的生理缺陷的牺牲品。

在对性格和品德方面，自我评价与他人评价之间的差异很大。高中阶段是性格的定型阶段，高中生的性格日趋稳定，已基本定型。高中生的品德也正日益成熟。他们对符合社会要求的良好品质的评价容易夸大些，而对于不符合社会要求的不良品质的评价则容易缩小些。

随着岁月的流逝，高中生主观自我和社会自我的矛盾逐渐减少，它是高中生自我意识不断完善的一种表现。那么，如何才能促进高中生主观自我和社会自我这对矛盾的统一呢？

一，要承认主观自我和社会自我不统一的现实

有些高中生总认为自我主观的评价是正确的，认为他人对自己的评价的偏差是不公平的，不接受二者差异这一客观现实。这是高中生自我意识发展中的障碍，只有承认这种差距，才能自觉地缩短这种差距，自我意识才能得到发展。姜永利是高二年级有名的好学生，一次，学校选市三好学生他落选了。他主动找同学谈心，大家都说他的学习虽然在全年级是一号种子，但在帮助同学方面不够主动。姜永利了解到自己的缺点后，努力在实践中进行改正，在高三毕业前又选市里三好学生时，他获得了满票。

二，要经常解剖自己，反省自己

当自己的评价和多数同学的评价不一致时，要严于解剖自己认真反省自己，如果发现自我评价不正确，要大胆承认自己的错误，勇于修正自己的错误观念。这样才能使自己不断进步。蒙金萍在高一时就是校体操队的主力，她的平衡木表演两次获市中学生运动会体操表演高中女子组的冠军。她有一个毛病就是平时训练不虚心，听不进去老师和同学的意见。最近一次比赛失利了，她认真地检查了自己的缺点，接受了大家的意见，在高三时的市中学生运动会中，又获得了平衡木表演冠军。

但也有个别时候，因为他人使用了错误的评价标准造成与自我评价的不一致。如有的同学学雷锋、做好事，被他人说成是傻子或说成假积极，图表扬等等。在这种情况下，就要坚持自我评价，走自己的路，用实际行动来教育他人。

现实自我与理想自我是有矛盾的。

现实自我是通过个人的实践反映到头脑中的，当前的真实的自我形象。理想自我则是在头脑中塑造的，自己所期望的未来的自我形象。

高中生现实自我与理想自我之间的矛盾并非坏事，处理得好，它可成为激励个人努力改善现实自我状况，使自己向较高标准发展的动力。

怎样才能使现实自我和理想自我间的矛盾趋于统一呢？

一、期望值不易过高

有些高中生只凭良好的愿望与热情盲目地确定脱离实际的目标。这种理想自我，无论经过怎样的主观努力都是无法实现的，就像天边的月亮一样，可望而不可即。确立这样的理想自我，只能造成可悲的结局。所以，对自己的期望值不要过高，要在充分了解自己特点的基础上选择奋斗目标，在留有余地的基础上确定理想的自我。这样，才能调动自己的积极性，朝理想自我的目标稳步前进。朴广大到高中二年级时在打篮球方面已初露头角，体育老师让他毕业考北京体育学院。他考虑到自己文化课的基础较差，北体是人才密集的地方，考生的竞争力很强，怕自己不是对手，就把基点定在了省体育学院。由于现实自我和理想自我矛盾较小，心理压力就小，他的学习成绩提高很快。毕业时，意外地考取了北京体育学院。

二、有步骤地实现理想自我

在确认了自己理想自我是正确的之后，再将它与现实自我相对照，弄清两者之间的矛盾是什么。然后再有针对性地选择适当的方法，逐渐使现实自我接近理想自我。

实际上，缩小现实自我和理想自我的过程，也是克服自己现存不足的过程，最好制订一个小目标计划，有步骤地克服缺点，使其逐渐达到理想自我的标准。隋吉祥读高一时，心里就萌生一个愿望，毕业后准备考北京电影学院。虽然，他有些表演才能，但毕竟没受过专业训练。所以，他心中有个小算盘，并力争实现它。第一年请老师指导，进行形体训练；第二年又和名师学表演，练小品；临考前还准备些即兴表演等。由于他一步一个脚印地刻苦学习，不断提高自己的表演修养，终于在高三毕业后踏进了北京电影学院的校门。

追寻自我的足迹

张老师：

　　妈妈说我偏激，爸爸说我不成熟。他们对我的基本看法是不正确地评价自己，说穿了是指责我不知道自己是半斤还是八两。

　　他们对我的这种看法虽然由来已久，但是，通过最近的一件事，我才知道他们对我是这么看的。

　　前天，妈妈下班时带了些调好的肉馅和饺子皮回来，说第二天是爸爸的生日，准备包顿饺子吃。

　　长这么大，我还是头一次赶上爸爸的生日。因为我出生时，爸爸妈妈均在读在职的硕士研究生，时间紧照顾不了我。满月后，奶奶就把我带到了乡下。在那里我过着自由自在的生活，奶奶对我的任何要求都百依百顺。一次，吃中午饭的时候，我看见邻居家的小朋友吃蕨菜，回来就向奶奶要蕨菜吃。奶奶二话没说，挎着筐就直奔青顶山走去，晚饭时，我到底吃上了鲜嫩的炸蕨菜。看到这情景，奶奶的疲劳早已烟消云散了。

　　初中毕业后，我考上了省城的一所重点高中，回到爸爸妈妈身边。开学一个多月了，才开始适应和爸爸妈妈一起的生活。

　　爸爸过生日那天，我下午没有课。吃过午饭，便把肉馅和饺子皮从冰箱里取出来，放到案板上，准备大显身手，让爸爸妈妈高兴高兴。大约费了两个多小时的时间，才歪歪扭扭地包好了 50 多个饺子。

　　水已经烧开了。在爸爸妈妈的班车到家前的 5 分钟，我把饺子倒入锅内，并在桌上摆好了碗筷。爸爸妈妈一进家门，我得意地说："请入席吃饺子！"当我伴着爸爸妈妈的喜悦的目光掀开锅盖准备捞饺子时，只见锅里的饺子早已成了片汤。顿时，泪水像串珠般地从我的两颊上淌了出来。

爸爸妈妈以赞扬的口吻说我做好了饭就很不容易，何况又是为爸爸做的生日饭。大家还是高高兴兴地吃了一顿庆贺爸爸生日的片汤。

吃过饭，看到我的情绪平静下来了。爸爸妈妈和我做了一次语重心长的谈话。他们说，很早就发现我不能正确评价自己，今天包饺子本来是件好事，但在包饺子前就应想到自己是否能包成饺子，对自己的能力应有个基本的估计。失败的原因也就出现在这里。

张老师，昨天夜里我很久不能入睡，总在想这样一个问题：一个人对自己的认识是如何形成的？它是通过什么途径实现的？请您给我讲讲好吗？

长春　郝长琴

郝长琴同学：

高中生自我认识是个很复杂的问题。一个人在社会化过程中，除了要认识他人外，还要认识自己。表面看来是个很容易的问题，但要想客观地全面地认识自己，了解自己需要有个过程。在这个过程中，只凭自己主观地认识是很难全面了解自己的。

高中生要想很好地认识自己，是通过许多途径实现的，他们认识自己的途径很多，一般说来有以下几个方面：

一、以观察自己内心世界为镜认识自己

这是高中生直接认识自己的形式。个体既是观察的主体，又是自我观察的对象。这时，自己的心理活动不仅能被意识到，而且还成为自我注意的中心。

要想很好地完成自我观察的任务，必须要有良好的心境。积极的心境能促进自我观察的进行；消极的心境则会阻碍自我观察的开展。同时，观察的态度是影响自我观察的又一个因素。沉着、冷静的态度有利于自我观察的顺利进行；否则，过分激动和紧张的态度则会影响自我观察的进展。

虽然，这是高中生认识自我的重要途径，但由于心理发展尚未完全成熟，还不能很完善地通过这种途径认识自我。

骆小理从小没有父母，办什么事都得自己亲自出马，对自己的一举一动都要经过认真思考，所以，养成了爱动脑思考的习惯。由于他学习刻苦，成绩优异，考县重点高中时也是名列榜首。开学一周了，他还没入学，老师在家访时了解到，骆小理不仅无钱交学费，而且还要安排在小学三年级读书的妹妹的生活。经学校研究暂缓了他的学费。当时他想，以后利用假期打工赚钱，解决学费和生活费等。三年后，他果真还上了欠学校的学费而且还顺利地完成了学业。

但是，在高中阶段，不能正确认识自己的同学还为数不少。

二、以自己活动结果为镜认识自己

人在改造客观事物的同时，可以折射出个体的体力、智力、人格等特征，也就是把自己的心理品质物化到活动对象上。因此，对自己活动结果分析，也是高中生认识自我的重要途径。例如，通过各种学习成绩的分析，可以了解自己的能力水平；通过识记材料的速度，准确性和持久性等特点，可以了解自己记忆的品质。因此，高中生要想客观地认识自己，和对自己活动结果的分析是分不开的。

燕成学在一次历史考试时，第一道题是 10 个填空，他填错了 8 个。在家长会上，老师说他记忆力不好以后考文科恐怕有困难，当时正值文理分班，让家长对这个问题要慎重考虑。

当妈妈把老师的意见讲出后，燕成学想老师说的有道理，但自己在初中就酷爱文学，准备高中毕业后考文学专业。可又把握不准自己的记忆品质到底怎么样，于是，他每天晚间都背一首未学过的唐诗，第二天晚间再把它默写出来，以此检查自己的记忆状况，结果发现每首唐诗的记忆效果都非常好。然后他又每天找出无联系的 10 个词，训练自己的短时记忆，一周后再让妈妈考他听写以考察其长时记忆的能力。经过自测表明自己的记忆能力还是不错的，又和老师研究报了文科班。他的学习很刻苦，还会加工学习材料，毕业后考取了某重点大学中文系。

三、以他人为镜认识自己

高中生在与他人相互作用的过程中，一方面看到他人的特点，然后看自己身上是否存在这些特点，从而认识到自己与他人共同的特点有哪些。另一方面可了解别人对自己的看法，即通过他人对自己的评价来认识自己。当然，高中生并不是简单地通过他人的评价就形成自我意识的。他们一般在接受他人的评价前，要先分析评价者的情况和他对自己所作的评价是否客观全面，然后有选择地接受他人的评价，形成自己的自我观念。

高中生对自己的认识，是在与别人的比较中得出的结论。他们愿意和自己条件相类似的同伴相对比来认识自己。

有时，高中生也和自己心中的偶像作比较。如和历史伟人、英雄、先进人物等对比。这种比较是有教育意义的，这是寻找理想自我的标准，对推进自我意识的发展是大有益处的。但值得注意的是和那些人物相比的不是他们的丰功伟绩和卓越成就，而要比较他们的敬业精神、处事态度以及勇于克服困难的不屈不挠的精神。否则，越比越泄气，就会失去这种比较的真正意义。因为，高中生暂时还不具备出类拔萃的条件，如果拿他人辉煌的成果来衡量自己，只能把自己推向失败的死胡同，起到事与愿违的作用。

影响高中生接受他人对自己评价的因素有两个方面：

一是评价者的特点。一般有某种特长，为人所信任的人所作的评价，容易为高中生所接受。如在同学中享有较高威信，学习成绩优异，或文体活动能力强以及班主任老师的评价，高中生易于接受。

二是评价本身的特点。与自我评价差异较小的评价易于接受；肯定的评价比否定的评价易于接受；几位评价者较一致的评价答易接受。

寇群在高三年级中是个永远不满足的人，他的学习三年来一直名列前茅，可每次出现点差错都和比他强的同学比，最近的模拟考试，他的语言得了 135 分，单科列年级第二名，他马上找到比他高 4 分的巨大衡，虚心地向他学习，并让其帮助自己分析丢分的原因，结果他的成绩在原有的基础上又稳步提高。终于在高考中夺取了省理科状元的桂冠。

走出自卑的低谷

张老师：

　　我已经升入高中二年级了，是一名不显山不露水的学生。如果实事求是地估计一下，无论在什么方面，自己都属于中等，可谓比上不足比下有余。但不知为什么，目前我的自卑感越来越强，一天总是无精打采的。比我差的同学倒高高兴兴的，真使我不可思议。最近发生的两件事，更使我无法解释。

　　我和同桌魏国民的数学成绩都比较差，确切地说，他比我更差些。开学初，我俩约定要努力把数学成绩提高上去。并定出指标，期中考试的成绩，数学单科要各自在原有的基础上提高 10 分。为此，我俩展开了题海战术，每天在做完各科作业的同时，还要至少补充做 8 道练习题。第二天互相报告战果。在 52 天的时间里，我每天最多作 17 道题，最少作 11 道题，平均每天作 14 道题。魏国民不多不少，每天只完成 8 道练习题。

　　期中考试结束后，我得了 87 分，和上学期期末考试的 81 分相比，提高了 6 分。和现定指标差 4 分。为此的，我两天没吃晚饭并哭了两个晚上。我觉得自己太笨了，也失去了进取的信心。魏国民考得也不理想，他上学期期末的数学成绩是 68 分，这次考得 69 分，只提高了 1 分。可他整天乐呵呵的，还买了一件漂亮的 T 恤衫，作为提高这 1 分的奖励。

　　上周三，学校发出要举行演讲比赛的通知，要求每班出两名同学参加比赛。因我小时候在少年宫参加过普通话训练，老师就指定我和喜欢演讲活动的赵乙波同学准备参加演讲。我的演讲稿经老师审查合格后，天天晚间做完功课就背演讲稿子，三天后便脱稿了。以后，我又按演讲的要求抓紧一切时间练习。

昨天，演讲比赛的结果，我获得了二等奖，一等奖被高三（1）班的李又新获得。他是我在少年宫＊5－普通话培训班的同学，在那两年的学习中无论参加什么演讲活动，我都名列在他的前面。这次败在他的手下，我心里很不是滋味，总认为自己的能力低下，这两天的情绪很低沉，我们班的赵乙波同学没取上，他像没发生任何事一样还是兴高采烈的。看到我情绪不高的样子，赵乙波还很不理解地说："你怎么不知足呢？得第二名多好啊！"不是我不知足，可我的心里怎么也容不得自己败给李又新呀！

张老师，您说我这自卑是怎么产生的呢？用什么方法才能克服自卑呢？请您在百忙之中，一定要给我回信，谢谢您啦！

成都 林兆科

林兆科同学：

自卑是中学生里普遍存在的一种心理现象，只要你肯努力，自卑就很容易克服掉。

所谓自卑感是指一种轻视自己，不相信自己，对自己持否定态度的自我体验。

高中阶段是最容易产生自卑感的时期。因为随着高中生自我意识的不断增强，他们更加关心自己，常常梦想怎样超过别人，怎样才能一鸣惊人。但这种自我显示的欲望，往往又和自己的能力有一定的距离，结果就导致自卑感的产生。

在校园生活中，真正能力不高，表现又较差的高中生，倒不一定产生自卑感。而那些具有中等或中上等能力的同学容易产生自卑感，由于他们的要求极高，总想在同学中显耀自己，什么都想超过别人，而在某些方面又一知半解，其表现欲得不到满足，渐渐地就会产生了自卑感。

自卑感较强的高中生，一般都有比较明显的自我防御机制，大体上，表现以下四个方面：

一是伪装。自卑感比较强烈的高中生，他们本来知我，却不敢袒露我。既不承认或接受自我，更不愿改正自己的不足。在别人面前尽力地把自己伪装起来。

高一（3）班许惠媛来自农村，是县重点高中录取时考分最高的一名同学。她们寝室的其他几名女生都喜欢吃零食，惟有她没这种习惯。实际上这是一种好的品质，但她受不住有的同学背后说她"小抠"的议论。一天，同寝的每个同学都买来一串葡萄，一边吃一边说笑着。看到这种情景，许惠媛到农贸市场，买了一串一斤八两重的葡萄，挂在了自己的床头上。大家不解的是这串葡萄一直挂了四五天都不见她吃一粒。她在日记中写道：我真不想吃那串葡萄，更心疼那四元五角钱。这是向她们示威我有钱，能买得起，不过不想吃罢了!"

二是回避。有自卑感的高中生，常常因怕失败而回避实际行动。如芦小平在高一时立体几何学得很不好，又爱面子，明明不会做的题也从不请教同学和老师。平时还装出学得不错，经常在同学中谈论立体几何学得好坏只能在期中考试见高低。考试前的那几天他的情绪很紧张。当时已是初冬的季节，每天晚上，他都故意穿背心裤衩到室外跑步。结果，如愿以偿地发烧住院，错过了考试的时间。实际上，这种回避躲闪的行为，比考试不及格的心理压力要大得多。

此外，他们还故意回避他人，尽量减少和同学接触的机会，认为这样才能增加安全感。他们不愿和同学接触的原因，既怕在接触过程中别人会发现他们弱点，又怕了解到别人比自已强的优点。实质采取这种掩耳盗铃的方法是避免接受外界的刺激，怕以此增强自己的自卑感。耿巧凤因去年落榜插入高三（2）班后，每天早晨踩着铃声进课堂，课间也很少到外边和大家玩一会儿。放学后，便急忙骑上自行车独自回家，一年的复习生活和班级同学讲话都不超过十几次，同学们都叫她"外星人"。只有她自己知道，与其说回避同学为的是减轻自卑感，莫如说回避同学只能为她增强自卑感。

三是转嫁。有自卑感的高中生，因为在比自己强的同学面前，更能反差出自己的弱点，往往就会下意识地把对自己不满的情绪转嫁到他人身上，靠贬低别人，提高自己来维持心理平衡。封永顺高二时是班级里的好学生，经常和他的好友同桌同学乔凤岐名列第一第二名。上高三后由于母亲病故和自己患胸膜炎住院等原因，功课渐渐赶不上而产生了自卑感。一次，选优秀毕业生时，大家异口同声地赞同乔凤岐。这时，封永顺站起来红头涨脸地说："乔凤岐除了成绩好些没有一条别的优点，他只顾个人的学习，从不关心学习差的同学。根本不配做优秀毕业生。"在场的同学谁也没想到封永顺能这样评价他的好友。

四是自暴自弃。有自卑感的高中生，还愿意用自己的缺点比别人的优点。结果，越比越泄气，有的甚至完全丧失信心，产生自暴自弃、破罐子破摔的念头。翟其茂中考时因差三分没进录取线是自费入重点高中的。开始学习也很刻苦，但中考时全班就他一个人两科不及格。后来情绪不好又出现恶性循环，期末考试竟增至四科不及格。一年二期时，他干脆不学了，上课经常伏桌睡觉。后来，不得不中途缀学了。

高中生如果产生自卑感，就会丧失自强不息的精神，会严重地影响学习。因此，必须要从自卑感中解放出来。那么，怎样才能消除高中生的自卑感呢?

一、要正确评价自己

有自卑感的高中生，要学会正确评价自己。不仅要看到自己的短处，更要看到自己的长处，切不可因自己有些不如人之处而看不见自己的如人之处或过人之处。这样，才能增强信心，战胜自卑。田道灵曾因自己的理科不好产生过自卑感。后来他认识到自己文科基础好，作文还得过市中学生习作竞赛一等奖呢。后来，他转到了文科班，学习更加努力。毕业时考取了一所重点大学的历史系。

二、要充分表现自己

有自卑感的高中生，可多做些力所能及、把握较大的事情。学会在成功中激发成就动机，这样就可以增强自信心，自卑感也就会随之减弱了。俞小敏在初中时没当过任何学生干部，升高中后看到除她之外人人在初中时都当过学生干部。相比之下，一度产生过自卑感。后来，在一次野游时，老师让她负责发放游艺活动的奖品。做得很认真，受到同学的赞许。这件事使她增强了自信心，以后主动争取锻炼的机会。后来，不仅自卑感克服掉了，高二时还被同学选为班级的文娱委员。

三、要主动补偿自己

大家都了解"盲人尤聪，聋者尤明"的生理补偿作用。人的心理也同样是有补偿作用的。可以用两种心理的补偿作用来克服自卑感。一是勤能补拙。知道自己的缺点不必自卑，要用顽强的意志力去克服缺点求得有效的补偿。

贾似玉进入学校舞蹈队以后，发现其他同学从小都受过专门训练，功底较深。自己学起来比较困难，曾产生过要退队的想法。后来，在老师的教育下加倍地刻苦训练，不到一年的时间，就能在几个民族舞中担当领舞了。二是扬长补短。人的缺点不是不能改变的，关键在于自己愿不愿意改变。要找准自己的长处和不足，注意因势利导，发扬优点，克服自卑，逐步增强自信，自然就能克服自卑了。

盖来泰升入高中后，报课外活动小组时，因自己既不会唱歌也不会跳舞无法进入文娱队很着急。后来他想自己的动手能力强，就主动报名参加了劳技小组。结果，他用硬纸板制作的九孔滚动球荣获市高中组劳技制作一等奖。

林兆科同学，只要做到以上三点，就会走出自卑的低谷。自卑并不可怕，怕的是陷入自卑而不能自拔，走出自卑，前面有一片崭新而又自信的天地。

来自处境的烦恼

　　初高中学生的内心世界是五彩缤纷各具特色的，而情绪又最能体现他们内心世界的丰富多彩性。

　　相对而言，从情绪的表现形式看，初中生以外显性为主，而高中生则以内隐性为主。从情绪体验的内容看，初中生以生理需要为主，而高中生则以社会性需要为主。从情绪引起的动因看，初中生以直接因素为主，而高中生则以间接、抽象的因素为主。

　　尽管高中生比初中生的情绪稳定些，但和成年人相比还带有很大的动荡性。有人说，初高中学生的情绪和天气一样是多变的，早晨还是晴空万里，晚间便是暴风骤雨。所以，初高中学生要学会情绪的自我调控是很必要的。

不生气的秘诀

张老师：

　　我是一名高中二年级的农村女孩，特别爱生气，事后又后悔但还改不掉，请您给我讲讲怎样才能做到不生气好吗？

　　最近，我又生了两次气：

　　一天中午，骄阳似火，闷热得都喘不过气来。我和姐姐沿着山村小路急忙地往家走，恨不得马上到家吃完饭好赶回学校参加运动会的闭幕式。

　　妈妈见我们进屋了，乐呵呵地从厨房里端来两碗过水的荞面条，放在姐姐的桌前一碗，又放在我的桌前一碗。我刚要拿起筷子往嘴里挟面条，看到碗里有一个荷包蛋。我又下意识地看看姐姐那碗面条，好像发现她的碗里有两个荷包蛋，顿时就生起气来。心里明知道自己都是十六七岁的大姑娘了，怎能计较一个荷包蛋呢。但又一想，姐姐小时候身体不好，在吃的方面妈妈经常偏向她我都忍了。现在都是高中生了还那么偏向她我就受不了。妈妈看出我生气的样子，就到厨里取出一个盆，把姐姐的面条倒在里面，又端过来让我看，原来姐姐的碗里是两个半个的荷包蛋，我的碗里却是一个整个的荷包蛋。真相大白了，妈妈用手指着我的脑门开玩笑地说："我老闺女脸一变色，妈就知道气从哪里来。过去是妈偏向你姐惯了，现在该偏向我老闺女了。"听过妈妈的话，我的气消了，但也不好意思地低下了头。

　　校运动会结束时，校长动员各班利用双休日搞小秋收积攒些班费。我家后边的牛心顶子山上有个叫葡萄沟的地方，每年秋季人们光从那里采的山葡萄就能装十几卡车。所以，十里八村的人都管那里叫宝地。我们小组商量明天早晨到我们村口集合，由我带领他们到那里去采葡萄。

第二天清早，天刚蒙蒙亮，我和其他 6 名同学直奔葡萄沟走去。一上山，便见到那里已挤满了黑玉压的人群。看到这种情形，我和同学们商量一下，决定到其他地方去采。因我从小常和妈妈到这山上挖野菜、采蘑菇，对山上的沟沟坡坡十分熟悉。去年暑假，我和爸爸到背山坡的一个偏僻的小山沟打秋板柴时发现那里有一片尚未被人发现的二年生的葡萄秧，爸爸说今年就有可能结葡萄。当我把同学领到那小山沟时，看到那片葡萄藤上已结满了一串串黑红色的山葡萄，大家高兴极了。我们坐到葡萄藤下，擦擦汗，每人摘下两串山葡萄就吃了起来。歇够了，也吃足了，我们就挎着筐钻进葡萄藤里，使劲地摘起葡萄来。大约一个多小时的时间，我们就摘了满满的 7 大筐葡萄。下山前，我嘱咐大家，要保密，谁也不允许把这个地方向任何人透露。

当我们来到商店时，见班主任李老师和几名同学在那里卖葡萄。李老师见我们的葡萄又多又好，便问我们是在哪里采的，大家一笑了之。我们卖完葡萄走出商店时，大家约定午饭后仍在山脚下集合，下午再采一趟葡萄。下午，我们几个同学有说有笑地又来到那片小山沟时，发现李老师他们还有几个外班同学正在那里摘葡萄。我心想准是哪个同学把在这里发现葡萄的事告诉了别人，他们才抢先来到这里。于是，气得我把筐往杂草上一扔，一句话没说便转头往山下跑去。

晚上，吃饭时我才知道是爸爸在商店遇到李老师时把那小山沟葡萄的地点告诉了他。

张老师，从上述两件事中您会了解到，因一点小事我就会生气，几乎三天两头就要生一次气。我控制不住自己，也不知道有什么好办法能控制住自己。我是诚心要改掉这个毛病，希望能得到您的帮助。

四川　景玉荣

景玉荣同学：

初高中生普遍都爱生气，生气的主要原因都是自己的不良认知所引起的。因此，要想克服爱生气的毛病，就要从改变自己的不正确认知做起。

一、正确认识原型效应

在人的认知结构里，有一种原型心理机制，它是指人根据自己的行为特征抽出一个样板形象，存入记忆中，以后遇到类似的事都会不知不觉地采取与自己的原型相符的行动。这叫原型效应。

实际上，当原型效应符合实际时，就会给人带来积极的影响，使人把事情做好，产生积极的情绪，否则，当原型效应不符合实际时，就会事与愿违给人带来消极影响，使人把事情做坏，从而产生消极情绪。因此，初高中生要正确认识原型效应，设法消除原型心理机制造成的消极影响，保持积极的情绪。

于春辉上初中的时候做什么事都很粗心，总是丢三落四的。做作业或考试时不是漏个标点符号，就是忘个小数点。至于抄错题或忘写等号什么的更是家常便饭，同学们都叫他于马虎。一天中午他在操场上玩球。他们住单身的班主任老师写了两封信，一封是写给女朋友的，约她国庆节放假时来这里商量婚期；另一封是写给妈妈的，请她马上去省医院看望正在住院的姨妈。他写完信发现自己抽屉里的信封用没了，便把于春辉叫来，请他到邮局买好信封，再按信纸后面的地址写好，贴上邮票寄出去。结果，于春辉把两封信装错了信封，不仅误了事，而且，还弄得人们啼笑皆非。于春辉为自己马虎的缺点也很烦恼，但又改不掉。每次考试时，还没等答题，他心中就想："考不好怎么办？肯定又要犯马虎毛病。"走出考场，果真如此，本来不该错的地方多少会出些小毛病。有时他气得都不吃饭。

上高中后，学校请师范大学一位心理学教授来校为同学做"心理健康教育"讲座。讲到马虎实际是一种原型心理效应，如果自己要注意消除原型心理机制的负效应，马虎的毛病是不难克服的。于春辉听后心里很高兴。他认识到，马虎虽然是他的缺点，但自己并不等于马虎，不要时时处处把自己和马虎划等号，马虎是完全可以克服的。做什么事前不能因为自己有马虎的缺点就失去信心，而要下决心克服掉马虎的毛病。

由于他改变了错误的认知，放弃了心中已有的原型，很快就改掉了注意力分散的缺点，学习成绩有很大的提高，从此，于春辉也就很少生气了。

二、建立正确的认知

一个人对于同一件事由于不同的认知会导致不同的情绪状态，产生不同的行为。如果能克服不正确的认知，建立正确的认知，就能变不愉快的情绪为愉快的情绪。

例如，你在放学回家的路上，不小心将手帕掉在地上了。还没来得及拾起，就被后面走来的一位戴墨镜的行人踩脏了，那时你一定会很生气。但是，如果你同路的同学告诉你，那位戴墨镜的行人是盲人时，你可能就会谅解他，而不再生气了。

可见，建立正确认知是克服消极情绪，防止生气的前提。为了保持愉快的情绪，要做到以下两点：

首先，遇事要想想自己的想法对不对。

在学习生活中，初高中学生每天都要经历许许多多的事情，这些事情称为生活事件。有的生活事件对自己有积极的影响，叫正生活事件；有的则对自己有消极影响，叫负生活事件。负生活事件往往会引起消极情绪，确切地说，不是负生活事件本身引起消极情绪，而是对负生活事件的不正确认知才产生消极的情绪。

高二（3）班的傅立民和贺孝村都是校围棋代表队的成员，又是三好学生。他们到外地参加省中学生围棋赛耽误了 10 多天课程，返校后的第二天就赶上期中考试。由于没有复习功课，考试成绩退步很大。傅立民由班级的第 2 名，降到了第 23 名；贺孝村由班级的第 5 名，降到了第 21 名。开过家长会后，傅立民和往常一样还是高高兴兴的。有的同学讽刺地说："没想到你也有出前 5 名的时候呀！"他一本正经地回答："这是很正常的，胜败乃兵家常事，这种失败的教训对自己是有益处的。"以后，他的学习更刻苦了。尤其把自己没考好的学科又请教了老师和同学。结果，他的学习成绩进步很快，期末考试获全班第一名。贺孝村期中考试后情绪一直很低落，认为是由于参加围棋赛误了功课才成绩下降的，所以，就从围棋队里退了出来。因为情绪不好，学习时精力也不充沛。期末考试成绩不但没提高，反而降到全班第 32 名了。思想压力越来越大，造成恶性循环，情绪也更加低落。后来，又患了神经衰弱，不得不休学了。

其次，多找自己的有利因素。

无论是在学习中还是在生活中，初高中生常常会遇到些困难。在困难面前多想想自己的有利因素，往往就会增强克服困难的信心。就会使自己看到一线曙光，从而争取早日摆脱困境，打开新的局面。也就会保持积极情绪了。

仇顺舟当了一年的体育委员，由于他工作方法简单，不善于调动同学的积极性。虽然班级有的同学体育素质很好，但在校春季运动会上，他们班比赛的成绩列全年级倒数第一名。

经过冷静分析，他认识到尽管自己工作方法不够好，但自己的工作热情很高。只要愿意为同学服务，工作还会有进展的。一次，在班会上，他检查了工作中的缺点，并广泛地征求了同学的意见。课后，他又主动找班内体育活动积极分子商量怎样坚持日常训练问题。同学见他很诚恳，所以，都出谋划策，积极支持他的工作。在校秋季运动会上，他们班终于获得了初中二年级的冠军。

景玉荣同学，举了这么多的实例并进行了分析，相信对你会有帮助的。同时也相信你会顺利地度过高中时期，努力把自己锻炼成为一个坦荡的有大胸怀的人。

逆境并非坏事

张老师：

我们班 59 名同学，数我家庭生活困难，我真羡慕那些不愁吃穿的同学。最近，连续出现妈妈生病，高考落榜等打击，我的精神简直就要崩溃了。请老师能把我从痛苦的深渊里拯救出来。

我家祖祖辈辈住在离县城 100 多里的小山沟。解放前，那里还是个兔子不拉屎的地方。遇上灾年，沟里人都携家带口地出去逃荒，常年居住在那小山沟的最多也不过几十户人家。解放后，尤其是党的十一届三中全会的春风吹遍了祖国大江南北的时候，这个小山沟里的自耕农也渐渐脱贫，过上了温饱生活。

我的爸爸是"文革"前的老高三学生，在砸烂旧的高考制度的岁月里没有别的出息，只能上山下乡。爷爷家又是原原本本的庄稼户，毕业就回家当了返乡知识青年。爸爸身高 1.82 米，长得眉清目秀，又能写一手好字，算得上是一位文武双全的新式农民了。因为家贫，他在家乡整整种了 9 年地，二十七八岁的年纪还没说上媳妇。多亏他原来学习基础好，1977 年恢复高考后，他第一批考取了农学院。

在大学二级的暑假里，爸爸和比他小 8 岁的一位农村代课女教师谈了恋爱。那年冬天他们就在一间破旧的茅草房里举行了婚礼。爸爸大学毕业后自愿回乡农研站工作。那年秋天我出生了，为爸爸妈妈的生活增添了极大的乐趣。爸爸不管工作多忙，中午都要抽空到村小托儿所去看看我。我 2 岁时，爸爸就和妈妈一起教我识字，学儿歌。我 4 岁时就识两千多字，并能背诵唐诗 30 多首。爸爸经常开玩笑地和妈妈讲，一定要把儿子教养成诺贝尔奖金获得者。

我6岁时，爸爸和农研站的同仁去水库打鱼，不幸翻船身亡。

爸爸死的时候，妈妈才28岁，不少亲朋挚友劝她趁年轻改嫁，可她怕我受委屈，硬是把求亲的人一一婉言谢绝了。妈妈也暗下决心，一定履行爸爸的诺言决心供我上大学，把我培养成人。

我上小学后，妈妈管教得很严。在三年级的时候一天中午妈妈去教室给我送饭盒时发现我第四节没上课，和同班几个小朋友去后山捡野鸡蛋去了。回来后，妈妈狠狠地教训了我一顿，并罚跪一小时。从此，我的学习很用心，再也没有让妈妈操过心。无论是在小学还是在初中几乎年年都被评为三好学生。中考时又以优异的的成绩考取了县重点高中。

妈妈非常刚强，为了给我创造好的学习条件，自己吃了不少苦。妈妈除了教书，还要利用业余时间侍弄口粮田、菜地，有时累得腰酸腿痛。妈妈才40岁，头发就白了一大半，看上去好像50岁开外的人。

正当我进入高考前的一个多月的紧张复习阶段，妈妈患上了严重的肾盂肾炎住进了乡卫生院。我日夜守护在妈妈身边，妈妈几次劝我返校学习，我都哭着说服了妈妈，仍留在医院里照料她。妈妈能下地自理了，高考前三天，我乘公共汽车回到了学校。

发榜时，我以一分之差落榜了。这突如其来的打击，我实在承受不了。在自己的房间里躺了三天，拒绝见任何人。由于妈妈天天哭，我实在心疼妈妈，怕妈妈再病倒，今天才勉强支撑起来。

广西　郝世祥

郝世祥同学：

我对你目前的心情很理解，也很同情。但是，我劝你一定要坚强起来。生活在逆境并非坏事，它会磨练意志。相信你一定会通过自己的努力达到理想的境界。任何消极情绪，本身就是一种潜能，这种潜能没有固定的指向性。如果把它扶移到符合社会要求的较高目标的建设性和创造性的活动上去称为升华。升华可以帮助人将不良情绪推向较高层次的精神活动中去，使心理趋于平衡。如果借用升华策略，可使人的这种潜能变为推动上进的巨大动力。

初高中生，应当怎样用升华策略变消极情绪为动力呢？

首先，要将消极情绪的潜能变为积极的动力。

初高中生在生活中遇到了暂时的挫折，出现了消极的情绪，不要失去上进的勇气，而要找出摆脱这种障碍的突破口。下决心克服困难，把消极情绪变为积极进取的动力，经过一番努力定会出现新的业绩。

路庆海刚升入高中，父亲因心脏病复发抢救无效，过早地离开人世。这个突如其来的事件给他带来了沉重的打击，他曾几天茶饭不思，闷闷不语，老师和同学都为他很担心。

一个星期后，大家发现他的精神状态改善了许多，不仅恢复了往日的样子，而且学习上比以前更用功了。

原来，他在最痛苦的时候，想到爸爸生前的几件往事：他在小学二年级的时候，爸爸借调到葛洲坝工作了两年多。爸爸是搞水利设计的，工作十分繁忙，春节放探亲假时爸爸也没有回来，仍然在工地上加班加点辛勤地工作着。大年初一晚上，心脏病犯了，昏倒在工地上，同志们把他送进了医院。住院期间，路庆海和妈妈乘车赶到湖北去看他。爸爸的病还没彻底好，便提前出院，又投入到紧张的劳动中去了。

路庆海和妈妈要回东北的前一天，领导和同志硬把爸爸从工地上推回来，陪他们娘俩玩半天。爸爸带他们去商店买了些东西，又领他们去小吃城饱餐了一顿湖北风味小吃。傍晚，爸爸带他去江边散步，他发现那一带江水很浅，而且清澈透明。他好奇地看着一群群的小鱼逆水而行，便问爸爸："那小鱼真傻，为什么不顺水游呢？"爸爸没有直接回答他的问题，只是风趣地说了一句："你遇到困难时应逆着困难上，到什么时候都不能被困难吓倒。"那时路庆海还没理解爸爸这句意味深长的话的含义。

路庆海在初二时的一次代数小考，得了 54 分。回到家他哭了，那天他情绪不好，连作业都不想写。爸爸说："人是在大大小小的挫折中成长的。一次小考就把自己打得落花流水，长大还能做什么大事情，应该把没考好当作教训，争口气，下次定能考好。"路庆海对爸爸的话明白了一些，当时就振作起来精神写作业去了。

在日记中路庆海写到，应把自己的悲痛化作力量，这样，才能告慰

来自处境的烦恼

爸爸的在天之灵。他的消极情绪升华以后，痛苦也就渐渐地减少了，而且学习的劲头比以前更强了。

其次，通过文艺作品消除不良情绪。

有的人碰到挫折，出现不良情绪，暂时还不能利用这种消极情绪的潜能达到升华。通过阅读文艺作品同样可以吸取力量，缓解不良情绪，达到升华的目的。

战玉延8岁就在业余体校学武术，小学四年级时曾随我国武术代表队去东南亚等国家进行过表演。初中时多次参加全国武术比赛，曾荣获过少年男子组武术比赛第三名。武术界的前辈们都说他是一位很有前途的业余武术运动员。

在高二的一次春游中，同学们做击鼓传花的游戏。当一朵小野花落在战玉延的手中时，鼓声突然停止，在同学们阵阵掌声中，他被推到中间的空地上去。熟练地为大家表演了一套醉拳，逗得同学捧腹大笑。因山坡的沙地很滑，不小心战玉延左腿膝盖骨触在地上碰出了血。同学们把他扶到附近的医院里，上点红药水包扎一下就以为没事了。

以后好几天，走路时他的左腿都不敢着地，一拐一瘸的。到省医院做CT检查，发现左膝盖骨长个恶性肿瘤，至少有两个月了。好在还是早期没有扩散，当前的医疗方案是惟有截肢才能保住生命。

当他从麻醉中苏醒过来，发现没有一条腿的时候，眼泪如泉水般地涌了出来，把头埋在枕头下低声地哭泣着，完全失去了生活的勇气。他整天躺在床上，两眼望着天花板，一动不动。

术后第8天，他从同学们放在床头的一堆书中随意抽出一本，一看是《钢铁是怎样炼成的》。他无精打采的下意识地浏览几页，连他自己都没想到，竟被书中的主人公保尔·柯察金感人的事迹深深地打动了。保尔出身于贫苦的铁路工人家庭，当过学徒和工人，13岁参加革命，不久加入了共青团。在国民经济恢复时期，他身带弹伤，坚持参加修建窄轨铁路。后因病致残，双目失明，全身瘫痪。他以超人的毅力从事文学创作，成为一名著名作家。战玉延反复地把《钢铁是怎样炼成的》这本书读了几遍，保尔成了他心中的偶像，点燃了他生命的火花，使他对生活又充满了信心。

半年后，战玉延安上了假肢，和从前一样又出现在同学中了。他把原来对武术的钻研精神全部转移到学习中去了，他的学习成绩不断提高。

第二年高考结束后，他被某综合大学特教系录取了。他双手捧着录取通知书，心情久久不能平静，保尔为他指出了人生又一条光明之路。

郝世祥同学，我想这些事例会给你一些启示，帮助你从逆境中走出来。

憋气时怎么办

张老师：

我现在是初中二年级的学生了，爸爸说我有两个缺点。一个是爱诉苦，心里放不住事；另一个是爱哭，心里有憋屈事必须得哭出来。老师说我心直口快是优点，爸爸说这是狗肚子装不了二两香油，是缺点。您说我这到底是优点还是缺点？请您帮我评价一下。

我和哥哥是一对双胞胎，哥哥出生时身体强壮，我出生时身体瘦弱。当时爸爸妈妈工作忙，实在没有精力照料我们这对孪生兄弟。所以，在我们出生后不久，我便被送到了乡下的奶奶家。善良、勤劳的奶奶视我为掌上明珠。

我在奶奶家过着饭来张口，衣来伸手的生活。小时候，和小朋友玩耍时吃点亏，不是哭就是到人家去告状，否则就闹起来没完。

我6岁那年，在村口的小河旁玩沙子，奶奶坐在旁边陪着我。我费了好大的劲，用沙子堆成一排排的小房子，房子前边修一条小沟，然后用罐头瓶在小河里舀些本灌在小沟里当成一条小河，小河边又插些小草当树林。正当我用心构建这游戏中的小村庄时，邻院的邬二楞放学经过这里。别看他是小学二年级的学生。没有一点哥哥样，他是全校闻名的调皮鬼。他走过来，看我玩得津津有味，上去几脚就把那沙子建造的小村庄踩得一塌糊涂，然后扬长而去。气得我一边跺脚一边哭，奶奶怎么也哄不好。哭够了，就让奶奶领我去找邬二楞的爸爸告状："人家玩得好好的，也没惹着二楞哥，他凭什么欺负人。"邬大爷说，等二楞回来一定打他一顿为我出气。这时我才消气了。

小学毕业那年，奶奶难舍难分地把我送回城里。在爸爸妈妈身边，我和哥哥一起开始了初中生活。

我在奶奶家"尖"惯了，开始哥哥处处让着我。时间一久，哪有舌头碰不着牙的，我和哥哥也常出现些小磨擦。一天中午，妈妈买了两只猕猴桃放在桌子上，我看见后挑了一只大的吃掉了。哥哥回来，刚要去拿剩下的那只猕猴桃，我又夺过来边剥皮边吃掉了。爸爸看到这种情景很生气，晚间下班时，他从衣袋里掏出一只大猕猴桃递给了哥哥。我站在爸爸身边，眼巴巴地盯着爸爸的上衣口袋，等待也递给我一只猕猴桃。谁知爸爸没理我这个茬，脱掉上衣去卫生间洗脸了。这时，我才反应过来，哭着质问爸爸为什么偏向。吓得哥哥忙把那只猕猴桃送给我，我接过后狠狠地将那只猕猴桃扔到爸爸脚下，摔得粉碎。

我两天没吃饭，躺在床上不动弹。还是爸爸下乡把奶奶请来，我向奶奶诉完了委屈，奶奶数落一顿爸爸的不是，才算解了围。

我的学习成绩一直名列前茅。初二下学期的期中考试刚结束，爸爸开过家长会后把成绩单给了我，排了第二名。我对照成绩单反复进行核对，结果发现总分给我少加了 9 分。我马上去学校找老师，到微机室一核算，是把我的化学 98 分当 89 分输入了微机才出现少 9 分的差错。于是，我找到教导主任，要求重新开家长会公布新成绩，否则我便纠缠不休。无奈，教导主任只好在学校黑板的一角登了一则更正启示声明我应在班里排第一名，我才觉得出了这口气。

阜新　邱大智

邱大智同学：

从心理健康的角度讲，"诉苦"和"哭"都是一种宣泄，正像你的老师讲的那样是一种优点，它能增进人的心理健康水平。

当初高中生有了负性情绪，怎样运用宣泄的策略来消除不良情绪呢？

一、采用哭泣排除不良情绪

哭泣是一种纯粹的情绪宣泄。它是释放体内积累的能量，排除体内毒素，调节肌肉平衡的一种方式。美国化学家布鲁纳研究发现，人伤感时激动时流的眼泪和切洋葱时刺激眼睛所流的眼泪中的化学成分是不同的，后者所含的蛋白质明显地少于前者。美国生物学家福雷的研究也发现，一个人正常哭泣时，流出的眼泪只有 100—200 微升；即使是嚎啕大哭，所流出的眼泪也只不过 1—2 毫升。但这些眼泪把容易引起高血压、心率加快和消化不良等生化物质排除体外，对身体健康是有利的。男性胃溃疡患者高于女性，有可能因男性传统的"男儿有泪不轻弹"的心理社会因素影响，强制自己少流泪而造成的。哭泣是人们一种保护性反应，它能使人消除不愉快的情绪。

吕小琴从小就爱哭，有什么不舒心的事，情绪不高时，哭一会儿就好了。

高三下学期开学不久，吕小琴的妈妈去医院检查发现胃癌晚期。妈妈心里明白，知道自己的时间不多了，怕影响孩子的学习，和爸爸商量好，以外出看病为借口，暂躲到乡下的妹妹家度过生命的最后一段时光。爸爸妈妈走后，只有年迈的奶奶照顾小琴的生活。妈妈到小琴的姨家整整一个月便病故了，骨灰就埋在离村庄不远的荒山坡上。爸爸怕影响小琴复习功课，便在那里继续呆了两个月，帮助姨父干些农活，还隔三差五地往家挂个电话，谎说些妈妈病情好转的情况。

高考结束后，爸爸回来把真实情况告诉了小琴，她哭了好几天。接到录取通知书后，她又随爸爸去农村妈妈的墓前，悲痛欲绝地大哭一场。不久，便情绪平静地上大学去了。

二、通过倾诉排除消极情绪

倾诉有两种形式：一种是以谈心的形式，可以向闹矛盾的对方开诚布公地谈出自己的看法，以便解开疙瘩，消除误会，缓解不良情绪；也可以向同学、老师、家长或亲友诉说心中的不平、烦恼和忧愁，通过他们的帮助和劝慰，消除不良情绪，达到心理平衡。

唐虎初二时发生了一件不愉快的事：一天间操时，他值日在教室里洒水、扫地、擦桌子等。打上误铃时，他忙得满头大汗。这时一位同学向老师报告，他的一只金笔不见了。老师问值日生扫除时是否发现了那支金笔，由于唐虎正忙着擦头上的汗，大家不约而同地把头转向他，见他脸红红的，有些同学根据他心神不宁的样子，就误以为他拿了那位同学的金笔。

那些天，唐虎的心理压力很大，吃不好饭睡不好觉。他鼓起勇气向老师谈了自己的心情。在老师的启迪下，他的情绪逐渐好起来。这时，他才想起值日那天，其他班级一位同学进来翻过那位同学的桌子，原来是那位同学的表弟把那支金笔拿去了。另一种倾诉方法是写日记。有的同学遇到些棘手的事，就写在日记里。可以写发生不愉快的事的始末，也可在日记中写产生消极情绪的原因，分析哪些原因是不可避免的，哪些原因通过努力是可以避免的。是不是由于自己失误造成的，如果原因在自己一方，要勇于承担责任。如果原因在别人方面，想象自己应该怎样宽容他人。这样，慢慢地消极情绪就会缓解。

史功在田径队训练时，因回家没请假受到体育老师的严厉批评。那些天他总是闷闷不乐的，和老师的对立情绪也很大。后来，他听说体育老师那几天因孩子有病住院心情不好。便在日记中写道："人都是在不顺心的时候爱发脾气，老师因家中有事，训练又脱不开身，情绪不好是可以理解的。在这个时候批评自己的言辞重些是难免的。何况自己又违反了训练的纪律，应该接受老师的批评。"写过日记后，史功比前些天快活多了，还当面向老师作了检讨。

三、剧烈的体育运动也会消除不良情绪

剧烈的体育运动也是一种消极情绪的宣泄方式。人遇到负生活事件，出现些压抑、烦躁尤其是愤怒的情绪时，如果从事一些过猛的体力劳动或进行一些剧烈的体育运动，亦有助于释放不良情绪，达到宣泄焦虑和息怒的作用。

史兵寓很爱发脾气。在高二读书时，同学们知道他的脾气不好，所以，都不敢和他一块玩，怕弄不好吵起来。史兵寓在全班的男生中踢足球的技术是一流的，可每次放学时，都等他回家后大家才去足球场玩，因为谁也不愿和他发生口角。

一天，同学们正兴高采烈地踢着球，他气势汹汹地跑过去，抓过球，脸憋得通红，瞪着双眼，像要和谁打架似的。球场上的气氛很紧张，只听"啊"地大叫一声，史兵寓把足球用力往地上一摔，拼命地围着操场跑了起来。跑过两圈后，他面带笑容，向同学边招手，边上气不接下气地说："拜拜。"然后骑车便回家了。

听同学说，史兵寓的房里挂个帆布缝制的大沙袋，他情绪不好时，就进屋乱捶一顿沙袋，不一会儿就消气了。

大智同学，你看以上的几位同学，他们在自己憋气的时候都各有宣泄的办法，有些方法也许是你都使用过的呢！

一忘解千愁

张老师：

在现实生活中，往往有许多东西需要记住，但却被遗忘了。反之，往往有许多东西需要加以遗忘，却又把它们记住了。最近，我和同学交往中出现一件不愉快的事，怎么想忘也忘不掉，它一直在困扰着我的生活。希望老师能教我一些遗忘的方法，好解除这不该发生的烦恼。

虽然我和穆彬是上高中后才认识的，但由于我们是同桌，接触时间多，不久便成了十分要好的朋友。

我的爸爸妈妈都是合资企业的中方经理，企业的经济效益又好，家里的经济条件比较优越。穆彬的爸爸妈妈在同一个工厂里做工，工厂的生产不景气，均是下岗职工，爸爸身体又多病，家里的生活很困难。

我在初中时就当班干部，上高中后同学们又选我当了班长。我对自己要求比较严格，又肯于关心同学，在班级里有一定的威信。穆彬的学习很刻苦，成绩优秀。在初中时是体操爱好者，上高中不久，就被吸收参加了校体操代表队。

那年秋天，在全市的中学运动会上，穆彬的自由体操获高中男子组第一名。市业余体校的教练发现穆彬的身体素质非常好，就选拔他入体校训练准备迎接明年全国中学生体操竞赛。

入冬后，市体校的体操队集训开始了，穆彬每天放学到体校参加训练，直到很晚才回家。当他正在紧张训练时，爸爸的哮喘病犯了住进医院。因为妈妈下午得看香烟摊，所以，需要穆彬到医院给爸爸送饭。正当他进退两难时，我听说了这个消息，主动和穆彬的妈妈商量，为不影响他的训练，我每天下午承担了往医院送饭的任务。一个多月的时间里，我风雨不误，每天放学后准时到穆彬家取饭盒送往医院。他爸爸出院后对我十分感激。

在全国中学生体操比赛中，穆彬获得男子组自由体操的亚军。高二的暑假期间，教育部和国家体委组织中学生体操代表队去香港访问表演，听到这个振奋人心的消息，我比穆彬还高兴。

出发那天，我送穆彬到机场。验票前，我从书包里取出一件淡黄色的，佐丹奴牌的精纺纯棉 T 恤衫，送给了穆彬。他很感动，便立即换上了这件 T 恤衫，登上了飞往香港的班机。

穆彬由香港归来，学校已开学一周多了。省教育厅分配给我们学校一名去日本留学的名额，要求推荐两名候选人，然后权衡决定。根据选派留学生的条件，经过民意测验，领导研究推荐了我和穆彬，又考虑穆彬有体育特长就把他排第一号而把我排在第二号。后经省教委的全面审查，因穆彬色盲体检不合格，结果批准去日本留学的是我。

不久，学校里风言风语地传出，是我的父母在省教委走了后门才撤掉穆彬换上我的。开始，穆彬并不相信这种谣言，而且还为我辩解。架不住背后同学你一言我一语地乱说，慢慢地穆彬真的产生了怀疑，而且越想越觉得我不够朋友，也就逐渐有意识地疏远了我。

一天傍晚，穆彬来到我家，因好长时间不来往了，又到一起有些不自然。我给他倒杯茶，他一口没喝，站起来，从书包里取出一个报纸包放在桌上，什么也没说便走了。我打开纸包，里面是那件淡黄色的 T 恤衫，上面有一张纸条，写着："这件 T 恤衫带着友谊曾去过香港，现在友谊不存在了，我也不能再穿它了。"我一边流泪一边把那件淡黄色的 T 恤衫挂在身后的衣架上。

几天来，我每次回家一看到那件淡黄色的 T 恤衫，心中就感到一阵酸楚，一阵难受。我知道自己被误解了，我也知道自己无法把事情完全解释清楚。后来我索性把那件 T 恤衫放到箱子里，但我却忘不掉它，因此也就摆脱不了痛苦。

莽洛野同学：

　　请不要因误解和穆彬同学的暂时分手而苦恼，相信在不久的将来你们定会重逢的。遗忘确实能帮助你消除目前的痛苦。

　　初高中生朋友，应当怎样运用遗忘调节策略来排除消极情绪呢？

一、利用消退抑制克服不良情绪

　　遗忘并不是什么痕迹的消失，也不是暂时神经联系的中断，而是大脑皮层的有关部位发生了消退抑制的结果。所谓消退抑制是指形成某种条件反射之后，当给予条件刺激物时不再伴有无条件刺激物，久而久之，条件刺激物就失去了刺激物的作用，原来形成的条件反射逐渐消退也就是被抑制了。

　　正是这种消退抑制会使人把一些不愉快情绪的事物与环境遗忘掉。尽量回避引起不愉快情绪的事物与环境，就会在久不强化的情况下，以求对它的淡漠或遗忘，从而缓解消极情绪的困扰。

　　"五一"节过后，天越来越长了，初三（1）班爱好足球运动的那些同学每天放学后都要踢上一场足球。在一般情况下，都是本班分成两伙。一伙由苗普光领头，另一伙由谢再力领头。一踢起来双方都很认真，就像英国队对西班牙队一样，谁也不肯相让。一方为赢一个球可以欢呼，另一方为输一个球可以争得面红耳赤。

　　一天，比赛刚一开始，谢再力那伙节节胜利，连续踢进了四个球。后半场，苗普光他们开始翻身了，很快就踢了平局，把谢再力那伙同学的眼睛都气红了。苗普光他们怕继续踢下去再输给谢再力他们。不如趁平局见好就收。所以，他们借故天快黑了，就单方宣告结束。这时，谢再力气得使劲一脚把球踢到球场外的大道上，正好过来一辆卡车把球压爆了，大家都很扫兴。

以后，虽然连续几天没踢球，但谢再力看到球场就想起了那件不愉快的事。为此，他一周不从北校门走，见不到球场，他就回忆不起那件不愉快的事，情绪也就好多了。

二、利用科学泛化现象消除不良情绪

人在其他活动干扰下产生的现象是发生遗忘的另一个原因。泛化是指一种无关刺激物已成条件刺激物引起条件反射后，同这种刺激物类似的刺激物也能引起同样的反射。

当大脑皮层受到外界刺激后，在大脑皮层的相应部位就产生兴奋灶，它并不是停止在原发生点不动，而是慢慢地向周围散布开来，这就出现了扩散现象，条件反射的泛化是兴奋过程向邻近部位扩散的结果。

距兴奋过程发生愈远，兴奋的强度愈低，反射效应越多，出现也较迟。记忆的材料愈相似，泛化亦愈显著，渐渐地就发生遗忘了。

傅之烈的手特别巧，在小学读书时他做的一幅布贴画"小猫钓鱼"，获市儿童书画大赛的二等奖，在美术馆展览期间，不少同学都特意去参观过。

上初中后，他被选为美术活动小组的组长。一个星期四的下午，在小组活动的时候，傅之烈用亮光手工纸精心折制了两只白色的小仙鹤。拿回班级的时候，他的好朋友刘航标说什么也想要一只，磨了半天，才给他一只心爱的小仙鹤。回到家里，傅之烈就把剩下的那只小仙鹤按在了床左边的墙壁上。晚间躺在床上看着那只小仙鹤心里就有说不出来的高兴。

一天，在学校傅之烈和刘航标闹点小别扭，刘航标当场就把那只白色的小仙鹤撕得粉碎。博之烈回家再看到自己那只白色的小仙鹤就想起了闹别扭的事，后来，他又做了六只小仙鹤，有红的，黄的，蓝的，绿的，紫的，黑的。把它们按在了那只白色的小仙鹤的周围。时间久了，发生了泛化作用，他再看到那只白色的小仙鹤，也不再浮现闹别扭的情境了，消极情绪就不存在了。

快乐从哪里来

张老师：

　　我是高三（4）班的一名学生，因为我很少生气，同学们都叫我快乐的大男孩。最近，团支部准备举行一次活动，会上要让我谈谈自己的快乐是从哪里来的。其实，我也不是生来就不会生气的，是音乐使我逐渐忘记了生气，我记得最清楚的有这样几件事——

　　我小时候非常喜欢动物。四年级的暑假，我和妈妈去姥姥家。姥姥的身体很硬朗，仍住在半山腰姥爷在世看林时住的那两间砖瓦房。姥姥喜欢肃静，舅舅多次接她到山下村庄的家里去住，她不肯。姥姥一个人住在山上，养了两只猫，一只雄猫是灰色的，一只雌猫是白色的，它们生了两只猫崽，一只灰色的长个白尾巴；一只白色的长个灰尾巴，姥姥十分喜爱这对小猫崽。

　　那个暑假，我整天和那4只猫在一起玩，每天都是很开心的。临走前，姥姥给我什么东西都不要，就要那只白尾巴的小灰猫。姥姥实在舍不得，但是，外孙张回嘴，还是让我抱走了。

　　回家不到一个月，那只白尾巴的小灰猫吃了走廊里一只被药死的老鼠中毒而死。当我放学回来发现自己可爱的小猫被药死了，竟嚎啕大哭起来。谁劝也不顶用，连晚饭也没吃，一直趴在妈妈的床上哭。爸爸喜欢音乐，那天中央台正转播一场音乐会的实况，因为我的哭声干扰了他看电视，所以，爸爸把音量调到最高档，顿时，我不哭了。听着关牧村用浑厚圆润的女中音唱的"宝贝"，慢慢地便入睡了，以后，再发现我哭，爸爸就放音乐，还真灵，我很快就破涕为笑了。

　　初二的一天中午，我做值日生在水房门口维持秩序。初三的一名同学手端饭盒，正从水房的人群里往外挤，不小心碰到了我身上，饭盒掉在了地上，被身后走过来的同学踩坏了。他急了，举手打了我一个耳光。我挺生气的，抓住他的脖领子去找值周教师讲理，老师严厉地批评了他一顿，并要求他当面为我赔礼道歉。

初三的那位同学挨了批评很不服气，去我们班制造我当值日生时要威风打人的舆论，因此那次学校评选红花少年时，我落选了。我感到很憋气，晚饭后，无精打采地坐在桌前也没心思写作业，爸爸看到这种情景，打开录音机，放了一首小提琴协奏曲《梁祝》。我听着听着，就像一股春风吹入了心田，情绪逐渐高涨起来，又和往常一样精神饱满地埋头写作业了。

我初中毕业那年，全校420多名毕业生，考取重点高中的包括我在内只有9名同学，被同学誉为"九君子"。听到这个消息后，可把爸爸妈妈乐坏了，他们背地商量要送我一件奖品，以资鼓励。妈妈说要买台山地车；爸爸说要买台袖珍录音机，最后，妈妈同意了爸爸的意见。我从学校取回录取通知书的那天晚上，爸爸把那台日本进口索尼牌袖珍录放机送给了我。上面还附个小纸条，写着："愿它天天带给你快乐"。

我十分喜欢那台小巧玲珑的录放机，大家称它"随身听"。我天天把它放在书包里，除了听英语磁带外，每天茶余饭后总要听上几曲音乐。这回遇到不顺心的事，出现不愉快情绪时，再也不用爸爸放音乐了，自己随时都可利用音乐调节情绪。

最近，我第一天穿上妈妈新买的一双耐克牌的白色旅游鞋，上学路上经过地面有些积水的地方时，迎面开过一辆出租车，溅了我两脚泥。眼看一双崭新的鞋成了这个样子，心里很难过，马上出现了低落情绪。于是我不由自主地按了一下"随身听"的开关，《春江花月夜》的乐曲声立即从书包里传出来，优美动听。到校门口时，我的消极情绪已无踪影，和同学有说有笑地向教室走去。

张老师，音乐真的能调节情绪吗？怎样利用音乐来调节情绪呢？

太原　白宏树

白宏树同学：

音乐是调节情绪很有效的一种方法。你的切身体验已说明了这一点。那么，初高中生应怎样采用音乐调节策略来缓解消极情绪呢？

一、通过音乐娱乐消遣活动排除不良情绪

娱乐式的音乐活动，能使人的环境得到可喜的改善，使生活充满快乐，它既能排除不良情绪，又能提高人的心理健康水平。

这种音乐娱乐性的消遣活动在学校是多种多样的。但无论参加哪种音乐娱乐活动，都不要作为旁观者，而要作为主动的参与者。听音乐时，要随着音乐的节奏自发地敲着拍节或哼着曲调，这是娱乐性音乐活动中最具有启发性的形式，也是调节人的情绪很有效的形式。自发性的合唱也是一种有益的音乐娱乐活动；事先不需要准备，利用课间休息时，三五个同学自由结合，尽情地唱几首大家都熟悉的歌曲，就会使人心情舒畅起来。

曾雅丽从小就不爱参加文娱活动，总爱生闷气，升初中一个多学期了，其他同学都没听她说过几句话。

一次上体育课，天有点冷，老师让同学们做找朋友的游戏。一堂课的时间没有一个同学邀曾雅丽做朋友的，她的情绪很低沉，连续一周多，她上课低头，提问时也不爱发言。老师以为她得了抑郁症，就把她送到某大学的心理咨询室去咨询。心理学老师认为她不是抑郁症，在咨询的过程中，曾雅丽了解到自己情绪低沉的危害性，并强烈要求改变这种现状。心理学老师向她介绍了音乐调节的策略，听了以后，她心里感到很宽慰。

从此，曾雅丽判若两人，下课时，哪个女生坐在自己的座位上哼哼歌曲，她就凑过去，随声附和地跟着小声唱。一次，文娱委员向大家宣布班级要成立一个业余合唱小组的消息，请音乐老师辅导乐理知识，每周还学一首歌曲。全班只有 8 名同学报名，曾雅丽就是其中的一个。一个学期来，曾雅丽不仅学会了七八支流行歌曲，而且还学会了简谱常

识。期末，在班级的卡拉 OK 演唱会上，她为大家演唱一首《中国娃》，深受同学欢迎。同学们都说，曾雅丽变得活泼多了，也快乐多了。

二、有选择地通过欣赏音乐消除不良情绪

初高中生对善于表达情感的音乐艺术兴趣较浓，他们总是以好奇的目光注视着流行音乐。他们愿意欣赏音乐，也逐渐了解到音乐在调节心理，放松身心，排除不良情绪中的重要作用。每首乐曲的节奏，速度和音调等都不尽相同，不同的音乐可起到不同的作用。要有目的，有选择地欣赏不同的音乐，以调节不同的消极情绪。

由于疲劳，压抑而产生忧郁情绪的时候，可以听听古典协奏曲的一些缓慢乐章，这种音乐通常都有低音大提琴，像人的脉搏一样，每分钟60 拍，这是缓冲大脑的理想系数。听到这种音乐，人体就会得到放松，情绪也就会变得愉快。

高二（1）班的任溪梅是校学生会的文娱部长，她从一本课外读物里了解到，古典缓慢乐章可以调节抑郁情绪。于是就利用每周四下午课外活动的时间，在音乐教室播放些莫扎特的《第 40 交响曲》，西贝栖斯的《忧郁圆舞曲》和格什文的《蓝色狂想曲》等古典乐曲，请同学随意欣赏。有些同学由于繁重的学习负担出现一些抑郁情绪，他们闭着眼睛坐在那里听上一小时，就觉得心情好多了。

节奏缓慢，旋律清晰，音调优雅的乐曲，不仅具有镇静、止痛和降压的作用，而且还会缓解心情烦躁或焦虑不安的情绪。

高一（3）班的靳丝雨平时数学成绩总是在85 分以上。一次期中考试，代数得了 61 分，几天来，一到晚间她的情绪就焦虑不宁。爸爸连续为她放了几遍《高山流水》，《雨打芭蕉》和《平湖秋月》等乐曲。她的情绪也就慢慢地恢复正常了。

节奏明快，旋律优美的乐曲具有消除疲劳，振奋精神的作用。

高三（2）班马友贵同学，学习刻苦，各门功课学得都很认真，从不放过一个细节，在年级是出类拔萃的，他还担任校学生会的学习部长

工作，经常在同学中开展学习方法介绍和学习竞赛等活动。这些社会工作要耗去他很多时间，同时还要参加校篮球队的训练。他经常夜里11点多钟才睡觉，可他精力十分充沛，好像永远不知疲劳似的。

同学们问他有什么诀窍，他只是微笑着说："只要每天休息时，听上一两遍《喜洋洋》、《步步高》和《欢乐的天山》等乐曲就会感到浑身都充满着力量。"

瞧，音乐的作用有多大呀，让我们热爱音乐吧，让音乐成为好朋友吧。

目标低些好处多

张老师：

我是一名高中三年级的学生，还有几个月就要高考了。现在是每两周进行一次综合模拟考试，每次考试前妈妈都让我定个目标，而且要求目标越高越好，说这样能激发我学习的动机。结果由于心理压力大，我的考试成绩反倒下降了。

今天的班会上，我们班主任老师告诉大家定目标不能太高，要低一些好。还给我们讲了个故事：

去年高考前最后一次摸底考试结束了。高三（2）班同学都在微机房门前焦急地等待班主任老师用微机统计排列成绩的结果。微机房的门开了，同学们拥上去，把老师围在中间，老师把手中的报告单，一个一个地发给同学。最后老师手中只剩下单小石一个人的成绩单了，叫几声没人答应，便顺手把它交给了班长。班长一看，单小石总分670分，名列榜首。他找了几个地方都不见单小石的影子，最后在操场上发现他正在和初中小同学玩篮球呢！

当班长把单小石的成绩单交给他的时候，他连看都没看就放到了裤兜里。班长有些沉不住气了，夺过单小石手中的球，把他拉到场外说："你是不是因为这次考试得了第一名，被胜利冲昏了头脑？"这时，单小石才冷静下来，从裤兜里取出那张揉成团的成绩单，看了一眼，才若无其事地说："这是瞎猫碰死耗子，我没这个真本事！"说完就和班长去饭厅了。

一天，老师让他给同学们介绍一下学习经验。他站在讲台前，笑了笑，说他上初中时，学习很努力，但学习压力也很大。第一次期中考试，全班排第一名，他非常高兴，爸爸还奖励他一个价值156元的变形金刚。从那时起，他在心中暗暗地把考第一作为奋斗目标。整天趴在学习堆里，玩儿的时间都挤没了，每遇大小考，都要通宵地开夜车。这样，他一连获得七个第一名。临毕业时，他却考了第三名，当时自觉得无地自容。哭了两天，还因发烧住了一周院。住院期间，单小石结识了一位心理学老师，告诉他无论做什么事情，期望值都不要过高，否则，只能给自己带来苦头。单小石领略了其中的道理，消极情绪很快缓解了。

单小石看了看大家，继续说："上高中后，我调整了自己的目标，把自己的长远目标定在能考上大学就行，不一定具体地指向重点大学。至于在班内排第几名更没必要动脑筋去思索，同学间是有差异的，谁都有考第一的可能，但它又是可变的。考试的成绩固然和努力程度有关，但有时也有机遇的问题。不管你学得多好，一次考试中的某些题没复习着，可能考不出好成绩。不管你复习得多么不好，某次考试中的题却复习到了，可能会考出好成绩。所以，从某种意义上讲，考试成绩并不能全代表你学习的能力和水平。

讲到这里，同学们热烈地鼓起掌来。他抬起头，提高嗓门接着说："我干什么事，低标准，高要求。具体原则是：比上不足，比下有余；努力奋斗，积极进取。前两句告诉我，学习不能脱离实际，把自己推进死胡同。要给自己留有余地，但这并不等于甘居落后。后两句告诉我，在留有余地的同时，不要忘掉进取。这样，有可能达到或超过既定目标，正是'有意栽花花不开，无意插柳柳成荫'。"他的发言，使同学们深受教育。

思想包袱丢掉了，压力减轻了，情绪也就愉快了。高考前，单小石不慌不忙地学习着。无论多么紧张，中午那场篮球必须得玩儿，填志愿那天，单小石不加思考地将第一志愿填上了北京大学物理系；第二志愿填了吉林大学物理系。并说能考上第二志愿就心满意足了。

高考结束后，单小石像把高考的事忘到脑门后一样，连提都不提。整天和邻居几位初中小同学像长在篮球场上一样，高高兴兴地玩篮球。

一天早晨，单小石正在家里睡懒觉，班长拿着录取通知书气喘嘘嘘地跑到他家说："低标准，快起来，你已考上北大物理系了。"他从被窝里爬起来，伸伸懒腰，顽皮说："就怪你，把人家的美梦都打断了。"

张老师，我们班主任老师说，这是一个真实的故事，就是他去年送走那届毕业班的一位同学。您说标准低些好还是高些好呢？

呼和浩特　赖玉翠

赖玉翠同学：

定学习目标要根据自己的实际情况，还是稍低一些好，但不等于放松要求。我们叫降标增压策略。那么，初高中生怎样运用这种策略来消除不良情绪困扰，从而提高学习效率呢？

一、正确评价当前的行为目标

初高中生在老师和家长的建议下，一般都喜欢定出学习或其他活动的规则即行为目标。

如果这种目标合适，确实能起到激发成就动机，指导行为的目的。初高中生总希望自己的未来是美好的，他们在订行为目标时，由于能力和经验等多种因素的影响，往往制订的目标容易脱离实际，偏高的比较多，如果经过努力达不到目标就会产生消极情绪。所以，定好目标后，在实施前要检查一下，看制定的目标是否合适。若不合适，特别是目标过高时，要请老师和家长帮助把关，实事求是地降低行为目标的水平，使这种目标真正能成为自己的行动指南。

尚玉青的数学成绩不好，这次期中考试全班只有她一个人不及格，打了53分。老师让她订一份学习计划，考虑如何把数学成绩提高上去。尚玉青的自尊心很强，意志力也很强。所以，她下决心提高数学成绩，争取在期末达到90分的水平。老师看过她的规划后，鼓励了她的上进精神，但也帮她分析了数学基础较差，要提高得有个过程，不能有急躁情绪，更不能急于求成的现状。她觉得老师分析得很有道理，就根据自己的实际情况，调整了学习规划。先找出学习数学时有哪些困难，怎样解决这些困难的办法，然后又订出了提高成绩的具体策略，到期末前先解决及格问题，以后再逐渐提高。因为这个规划符合尚玉青的实际情况，执行起来就比较容易。

二、根据具体情况采取不同降标策略

初高中生的降标是围绕着学习和其他活动进行的。一般说来，有三种策略：

一是近期降标。指在短时间内要达到的目标，为减轻压力，适当地降低标准，留有余地，但要充满信心达到或超过这一目标。

简英是市少年女子组跳远纪录的保持者，上高中后不仅打不破自己原有的纪录，而且每次比赛时都达不到预定目标。市中学生运动会召开的前夕，她和老师研究了具体策略，就是把指标定得比平时低些。她平时练习时最低跳3.9米，这次订了3.7米，但平时的练习仍不放松。由于心理压力轻了，所以，在市中学生运动会上，她跳出了4.01米的好成绩。

二是中期降标。指在一段时间内要达到的目标，为以后更好地前进而暂时后退所采取的降标。有的初高中生学习本来是很有潜力的，但由于规定的目标没留有余地，给自己心理造成一定的压力会影响目标的实现。如果适当地降低了目标，内心感到很轻松，经过努力就完全能达到目标。目标实现了，信心增加了，在原有基础上再提高些目标的标准，就会不断地前进。

杨天楚天资聪明，勤奋好学。在初中读书时就酷爱物理，曾获省初中生物理竞赛一等奖。上高中后，物理老师认为他素质好，就决定让他参加奥班学习。在征求意见时，他提出先进预备班的要求。他自己认为，原来没经过课外辅导，基础较差，如果直接进奥班学些高深的技巧，没有深厚的中学物理的理论基础，做题时肯定会遇到困难的。上预备班扎实地打好基础，为上奥班就铺平了道路。看上去走些弯路，实际上，这暂时的后退正是为将来的腾飞创造条件。杨天楚虽然在预备班多学了一年，但他的物理基础知识掌握得很牢固，第二年进入奥班后，成绩直线上升，不久便成为班内数一数二的佼佼者了。毕业前夕，在世界奥林匹克中学生物理竞赛中获得了金牌。

三是远期降标。指在一个比较长的时间内要达到的目标。如果这个目标是高不可攀的，要把它降为现实的，经过努力可以达到的目标。

这个目标虽然是较远的，但它对当前的行为也是有激励作用的。

朱文宇虽然费了九牛二虎之力，中考得了 633 分，正好够一类重点高中录取线。终究是经过自己努力考取的，既没让父母花一万多元钱，又闹个正式生的好名誉。但入学后的成绩他就排在后边了，在新生"我的志愿"主题班会上，同学们个个争先恐后地表态，不是要考北大，就是要考清华的。有的同学看朱文宇迟迟不表态，就对他说："不要认为自己入学时的成绩低些，报高点没关系，还有三年的时间呢，努力完全来得及。"朱文宇心想，做什么事都要打有把握之仗，不能好高骛远，还是现实些好。大家都发完言了，最后老师请他发言时，他站起来很谦虚地说："大家的学习基础比我好，报的志愿也很高，我是十分羡慕的。大家发言时我根据自己的条件认真思考，认为自己报吉林大学是比较现实的。若经过三年的努力，能如愿以偿的话，也就不错了。"

三、要把握增压的心理机制

降标的目的是为给初高中生在学习和活动中留有余地，以免造成不必要的心理压力，带来情绪障碍影响学习。降低目标并不等于放松要求，相反，还要采用'增压'的心理机制，要全力以赴地为达到或超过目标而刻苦地学习。

颜承涛在初中二年级时，学习中等。和他学习成绩差不多的同学，都把升学目标放在一类重点高中上，可他认为自己若能考取二类重点高中就很理想了。这种想法不仅没有影响他的学习的积极性，反而他的学习更勤奋更刻苦了。在学校有不会的问题抓紧一切时间向同学和老师请教，回到家中又加班加点地学习。中考前 10 天放假回家自习，他把各科模拟考试题的二百多份试卷从头到尾看一遍。凡是自己做错的题又重新做了一遍，有些题自己做完没把握，马上去请教学习好的同学。功夫不负有心人，他超标考取了一类重点高中。

谈到这儿，赖玉翠同学，你觉得我一开始说的那些话是不是有道理呢？

更换环境觅乐趣

张老师：

上高中后，我有个奇怪的感觉。每当我在学习的过程中出现些消极情绪，更换下学习环境，不仅消极情绪缓解了，而且还提高了学习效率。这是怎么回事呢？

具体情况是这样的：

我在高中二年下学期的期末考试时化学不及格，开学要补考。所以，暑假需要复习化学。我一连看了好几天书，就是学不下去，整日慌恐不宁，总是安不下心来。没办法，妈妈就把我带到姑姑家去。我从小到大没少去姑姑家玩，可从来没在姑姑家住过。这次妈妈走后，我在姑姑的家住得十分开心。每天上午，我一个人坐在院子里的大枣树下复习化学，学习效率很高，直到中午才肯休息。下午和表弟一起去村东头小河边钓鱼，心情很舒畅。

一晃 20 天过去了，开学后化学补考顺利通过。从此，我的学习很刻苦，成绩也稳步上升。高三上学期模拟考试时，我的总分已排到年级第 20 名了。家里的人也都为我的学习进步而高兴。

寒假里，学校补课时间较长，腊月二十七才放假。到家后，因很疲劳，我睡了两天觉。大年三十早晨，我换了新衣服，和爸爸一起忙着贴对联、挂灯笼，子夜又吃饺子，放鞭炮，接着又和家里人打扑克，直到凌晨四点钟才躺在炕上睡一小觉。

大年初一，我觉得四肢无力，头也昏沉沉的，心里又很焦虑。趁表弟来拜年之机，下午，我同表弟去了姑姑家。到那里，我像换了一个人的，精神头可足了。饭吃得很香，觉也睡得很多。

第二天早晨，我和表弟扛着那只老猎枪，又兴高采烈地到北山打猎去了。当我们登上一面坡，举目望去，白雪皑皑，在冬季的阳光下，银光闪烁。雪不时地被落山风卷起层层浪波，又慢慢向山底流去。在雪浪的尽头出现两只草黄色的野兔，表弟双手握着老猎枪，瞄准野兔连射数枪。随着枪声野兔逃得无影无踪了。尽管我们一无所获，但不知为什么，我的心中充满着喜悦。那些天，我觉得生活很充实，开学前才恋恋不舍地离开姑姑家。

最后一个学期，我住宿了。和同学们一道日以继夜地用心复习功课，学习的压力虽然很大，但我的情绪很好。

离高考还有20天的时间，学校的总复习结束了，让同学们回家自己去看书。我到家后学习效果很好。从第八天开始又觉得有些焦虑，看书时很不踏实。我只好又去了姑姑家，就好像那里有魔力似的。说来也怪，到姑姑家后，我的心情很快就平静下来，学习的劲头也很足。有时学到深夜也不觉得困，每天茶余饭后和姑姑一家人也有说有笑的。

高考结束了，虽然我自认为考得不错，但心中还是没有底。头几天帮家里干点活，没事就看小说，过得还算可以。不久，又有些烦躁，一天总提不起精神来，妈妈看我整天难受的样子，一天下午，又陪我去了姑姑家。到那里，我的愁绪又烟消云散了。在那个假期，直至上大学前，我一直都住在姑姑家里。张老师，我总换学习环境的做法对吗？

吉林　闵云山

闵云山同学：

改变学习环境和生活环境，确实是消除不良情绪的策略。那么，初高中生应当怎样运用环境调节策略来改变消极情绪呢？

一、变换学习环境，激发积极情绪

初高中生总在一个环境里学习有时会感到厌倦，从而产生不愉快的情绪，会暂时使学习受到影响。若你随时改变一下学习环境，如双休日家里人多，即使在自己的房间里学习，也觉得不踏实。这时，你可到学校的教室或图书馆里学习一段时间。这会使你的情绪愉快，精力旺盛，也一定会收到好的学习效果。

石源江从小喜欢语文，他的作文成绩一直很好。在高中一年级的时候，他的作文曾获过全国高中生作文大赛的二等奖。高二暑假前，语文老师告诉他今年省教育学院要举办高中生作文比赛，让他利用暑期时间写一篇作文。放假后，他几次把稿纸铺在桌子上，拿起笔苦思冥想好长时间，一个字也写不出来。暑期一天天地过了，他因没写完作文，心里十分焦急。

一天，在乡下住的表哥来了。说姥姥快过生日了，请他和妈妈去串门儿，他们随表哥回到了阔别六年的农村。他出生后，因爸爸妈妈在地质队工作，经常转战南北，生活不稳定，照料他有困难，就把他送到了姥姥家。他在姥姥家住了 11 年，上小学六年级时才来到父母身边。这次，他又回到了小时候生活过的地方，那里的山水依旧，使他倍感亲切。

姥姥 70 寿辰的那天，按照家乡的风俗，姥姥身穿一件绣有"寿"字图案的黄色锦缎衣服，向客人一一点头致意。

饭菜准备好了，客人们入了席，姥姥坐在地中央从邻居家借来的一把红木雕花的太师椅上。她的桌前放着一个特大号的蓝花带盖的细瓷碗，上面蒙着一个红纸剪的别致的大寿字。姥姥掀开碗盖说："请大家用长寿面！"客人们齐声说："老太太福如东海，寿比南山。"接着，大家就吃了起来。客人们走了，他坐在姥姥身边，像小时候一样有说不完的话。晚间，姥姥上炕躺下后，他没有一点睡意。突然，心情豁然开朗，文思泉涌。他赶快从书包里取出纸和笔，伏在桌上竟然下笔千字，不到两个小时的时间，就写完了《为姥姥祝寿》这篇近两千字的作文。

二、调整物理环境，改变心理环境

有的中学生一回家就进到自己的房间里学习，天长日久，由于繁重的学习负担，内心会产生一种压抑感，逐渐就会出现一种不愉快情绪。如果你从学校回来，进入自己的房间，就觉得室内摆放的一切东西都很别扭，看什么都不顺眼。这种烦躁的情绪势必会影响学习。如果把室内的家俱换换位置，彻底整理一番，自然会令人兴奋，情绪也会格外轻松，这时，又会精神饱满地投入到新的学习活动中。

郭栋梁升入初二后学习更有些吃力了，期中考试三科不及格。回到家里总是闷闷不乐的，有时没写完作业就趴到桌子上睡着了。妈妈给他请来一位北华大学师范学院的数学系学生做"家教"，帮他补习功课，他也振奋不起精神来。那位大哥哥和他谈心时了解到他看到桌上放的东西就闹心，便无心学习。于是，那天晚上，他们暂时停止了补课，赶快动手清理一下桌面上的东西。将桌上横七竖八摆放的各种书籍分门别类地整理好放回书架去；又把暂时不用的笔和其他文具收拾好放在取用方便的地方。郭栋梁看桌上的东西整理得井然有序，心情好多了，学习兴趣也提高了。

星期天，在那位家教的建议下，他和爸爸妈妈、郭栋梁一起进行了大扫除，把郭栋梁的房间打扫得干干净净，并且调换了床和桌子的位置和方向，在床头柜上又增加了一件精致的手工艺品。这样一收拾像换了一个房间似的。面对焕然一新的小屋，郭栋梁产生一种新鲜感，情绪也随之高涨起来。从此，他主动向家教请教问题，学习也很刻苦，半个学期的时间把落下的课程都补上了。期末考试时，不仅杜绝了不及格的现象，而且各科成绩都超过了80分。

三、观看作品，唤起积极情绪

有的初高中生在学习活动中遇到困难，受到点小挫折，就会出现情绪障碍，导致丧失信心或对自己的能力产生怀疑，影响学习效率。这时如果观看自己以往的成功作品，就会唤起积极的情绪，增强信心，取得满意的学习成果。

向紫竹是初三品学兼优的学生，从4岁起妈妈就为她请名师教学画，老师说她的悟性好入门快。上学后，美术老师都很赏识她的画。从初一到现在，她一直是美术活动小组的组长，她的画多次参加各级画展，也没少获奖。

临中考前的两个月，向紫竹正紧张地从事温课备考。一天，美术老师把她叫到教研室，通知她市美协点名让她作幅画，准备送往德国参加世界中学生油画展。听到这个消息后，她很高兴。

本来她的油画基础很好，按理说，完成这个任务是没有困难的。可是，她回到家里，坐到自己的画室，思绪混乱，白白浪费了两个晚上的时间，一无所获。

第三天，她垂头丧气地来到美术老师那里说："老师，我实在不行了，现在什么都画不出来，还是把这个任务辞退掉，让给其他学校的同学去完成吧！"老师看到向紫竹很难过的样子，就没有再多地说什么。

一天，向紫竹放学回来，见爸爸妈妈和美术教师正坐在客厅里，边喝茶边谈论着什么。不一会儿，妈妈在桌上摆上了亲手做的法国牛排、炸牛肉饼，又端来一大盘汉堡包。大家用过西餐，妈妈说："今天我是请李老师来参观向紫竹同学绘画作品展的！"然后，把李老师，爸爸和向紫竹让进画室。

这时，向紫竹发现以往的画室已旧貌换新颜，墙壁上，按时间顺序挂满了自己的绘画作品。妈妈又自告奋勇地当起了的解说员。她用手指着一幅画说："这幅《我爱北京天安门》是向紫竹上学前班时画的，曾登在市晚报的文艺版上！"又指着另一幅说："这幅《征服月球》是她在小学二年级画的，曾获'春苗杯'绘画大赛一等奖……"最后，妈妈用手指着一幅油画说："这是作者上初中一年级时画的《野餐》曾获全国少年儿童油画比赛一等奖。"向紫竹像在美术馆里看名画家的画展一样聚精会神。

她从自己的作品中受到了启发，汲取了力量，增强了信心。只用两周的时间就完成了《春到校园》的油画作品。

来自交往的烦恼

　　中国有句古语"同师曰朋，同志曰友。"所谓朋友，泛指有一定关系而相交较好的人。可见，朋友关系，即人际关系是通过人际交往而实现的。

　　中学阶段是个体社会化的重要时期，而社会化的不断完成离不开人与人的交往。初中时期，是同学关系发展的重要阶段，高中时期则是同学关系发展的高峰阶段。

　　但无论是初中阶段，还是高中阶段，在他们的人际交往中，除同学关系外，还有和老师的关系及父母的关系等等。

　　初中生和高中生，由于缺乏社交经验，在与同学、老师和父母的交往中难免会出现这样或那样的问题。他们渴望学习人际沟通的技巧，这对他们顺利进行人际交往，逐渐改善人际关系是很有益处的。

怎样聆听同学说话

张老师：

  我是一名农村初中二年级的学生，学习好，又守纪律，老师都很喜欢我。同学们说我有个缺点，那就是无论在什么场合听同学讲话都爱插嘴，有时弄得同学不欢而散。我几次下决心要改掉这个毛病，最后都以失败而告终，为此我很苦恼。

  我们班有12名男生，家离学校都很远，中午全带饭盒，谁也不回家。天暖和时，吃完饭大家就坐在操场上那棵老榆树下轮流讲故事。同学们最爱听的是丁怀山讲的《水浒传》、国胜利讲的《聊斋志异》和黄乃军讲的《三国演义》。

  一次，丁怀山刚讲道："鲁智深走到半山亭子上，坐了一会儿，酒却涌了上来，跳起身说：'俺好些时不曾拽拳使脚，觉得身子都笨了。'说着把两只袖子攥在手里，上下左右使了一回，只一拳头砸在亭子柱上。"这时，我马上一连串地问了起来："亭子被砸坏了吗？""亭子倒了压着人没有？""鲁智深的劲咋那么大呢？"经过我这么一问，丁怀山讲不下去了，同学们七嘴八舌地把我骂了一顿。

  后来，大家订一条规则，在听故事时，谁若打断别人的话，罚他为同学刷一次饭盒。不到两周的时间，那11名同学的饭盒我全刷遍了。无奈，讲故事的人只好提出，如果谁再插话一次，罚他两天不准听故事。有天中午，该轮到国胜利讲《聊斋志异》了，他知道我最爱听《聊斋志异》中的故事，就和大家为我讲情，并替我保证以后不再插话了。听故事的人异口同声地说："是狗改不掉吃屎，今天他就别听了。"我站在老榆树后听到同学们的话，不由得流出了眼泪。

张老师，怎样才能克服插嘴的坏习惯呢？请您回信具体指教。

广东 薛广生

薛广生同学：

请你不要为自己爱插话而苦恼，只要你有决心，这个毛病一定能够克服掉。

聆听同学讲话是一种同伴交往的实际技巧，它对于搞好同伴沟通有着重要的意义。在日常学习生活中大家不难发现，越是善于倾听他人意见，人际关系就越融洽。因为倾听本身就是赞许对方讲话的一种方式，这在无形之中就能提高对方的自尊心。认为你尊重他，就自然能加深彼此间的情感，愿意与其交往；否则，如果对方还没有把要对你说的话讲完，你就听不进去了，就容易使对方的自尊心受到挫伤，影响彼此间的沟通。因此，可以说，认真倾听别人的谈话是顺利地进行人际交往的因素之一。当周围的同学意识到你能耐心地倾听他们的谈话时，他们就会主动靠近你，这样，你就会和更多的同学交流思想，建立较为广泛的、融洽的人际关系。

聆听对于增进人际关系既然如此重要，那么，应该怎样进行聆听呢？

首先，要耐心聆听。

心理学研究结果表明，同学谈话的速度是每分钟120—180个字，而思维的速度即内部言语的速度却是它的4—5倍。所以，在和同学谈话时，有时对方还没讲完，但你早就了解他要说的全部内容了。这时，你的注意力要分散，思想开了小差，也会下意识地表现出心不在焉的样子。如果对方突然问你一个问题，你不是非常难堪，便是答非所问，对方就会感到不愉快。所以，听同学讲话时一定要耐心聆听，全神贯注。假若你认为对方的谈话没有价值，要设法暗示他转移话题。如果他没有转移话题，还要尊重对方，认真听他继续讲下去。在听同学谈话时，切忌出现咬指甲、抠耳朵、搔痒、卷裤腿、打哈欠或翻书等不文明不礼貌的举止。一定要耐心地听人家把话讲完。

其次，要虚心聆听。

有时和同学谈话，对方讲述的内容自己都知道，甚至比对方了解的还多。在这种情况下更要虚心聆听对方讲话。千万不要没等人家讲完便插话打断对方，不顾对方的意见自己却滔滔不绝地讲起来，更不能据理不让人进行不必要的争辩。在一般社交场合，如果你不赞成同学的观点，也可以用婉转的口气说："我对这个问题的看法是这样的……"或者说："这个问题值得我想一想。"如果同学在讲话中出现些错误，你也可在不伤害他自尊心的前提下说："似乎还有别的说法吧？"或说："我记得好像不是这样吧？"这就能使对方心领神会了。同时，仍能保持亲切和谐的交往氛围。

虚心听取同学的讲述会了解人家的看法、意见，对自己是大有益处的。

再次，要会心聆听。

在听同学谈话时，不仅是被动地接受，而且还应主动地反馈，这就需要做出会心的呼应。在交谈时，要不时地用"哦"，"是这样"等话语来表示你在注意倾听，以鼓励对方继续讲下去。也可有意地重复你认为对方讲的很重要很有意义的话。如果同学讲的话你暂时没理解或者有些疑问，还可以提些有启发性的问题抛砖引玉，让对方把比较含糊的思路整理清楚重新解释。这样，对方在心理上会觉得你听得很专心，对他的话很感兴趣。

还可以用表情动作来表示自己在会心地聆听。古语说："有动于衷必形于外。"表情动作确实会对对方的谈话产生激励作用；眼睛凝视对方表示你对他的谈话感兴趣，点头示意表明你接受对方的观点；做出催促性的手势表明你急切地想听对方尚未讲出的内容。

当同学讲得幽默时，你可用笑声反馈增加他的兴致。当同学谈得紧张时，你屏住呼吸可以强化这种紧张气氛。但表情动作应自然坦率，不要骄揉造作。

如何对同学说话

张老师：

我是某完全中学的一名初三学生。这学期大家选举我当了班长。老师说我勤奋好学，同学说我老实厚道。但我有个致命的弱点，那就是不会对同学讲话，和同学交往时，只要我开口，不是砸锅，就是碰钉子。10 次有 9 次都好心办了坏事，为此，我十分苦恼。

最近，学校举行了春季运动会。我们初三（2）班的体育实力没有初三（4）班强，但体育队的同学都很卖力气。上午的比赛结束后，我们班的总分列全年级的第一名，可把初三（4）班同学气坏了。

下午比赛开始，初三（4）班下场的同学个个虎视眈眈，连续几个田径项目全拿第一名，临结束前的半个小时，便和我们班的分数拉齐了。这时，我们班全体同学开始紧张起来，体育队的同学更急得摩拳擦掌。最后一项是女子 4×4 接力赛。我们明知这项比赛不是初三（4）班的对手。我们班赵云霞的小学同学冯小花是二中的短跑运动员，又是市中学生运动会 200 米短跑纪录的创造者。那天是星期日，正好她来找赵云霞玩，就坐在我们班的同学中。不知谁打了"狸猫换太子"的主意，在体育委员的策划下，冯小花上了场。一场紧张的初中女子组 4×4 接力赛开始了，前两棒我们班的运动员和初三（4）班的运动员跑得几乎不分上下。第三棒初三（4）班的运动员开始加快速度，大约能拉我们班运动员十四五米。第四棒是冯小花，她接过棒后像飞一样地出现在跑道上，刹那间就超过了初三（4）班的运动员，到终点时又把初三（4）班运动员甩到后面 4 米，全场响起雷鸣般的掌声。结果我们女子 4×4 接力赛拿了第一名，初三（4）班获第二名。因这项的 4 分之差，我们在运动会结束时获年级团体总分的第一名。

比赛结束后，初三（4）班的班长来找我讲理，他说"如果你们班不主动向大会承认冒名顶替的错误，我们就检举。"听后我说："我们不怕，你们是找不到好选手，如果你们要能找到照样也会冒名顶替……"我的这席话说得初三（4）班的班长火冒三丈，多亏我班体育委员好说歹说地才使他消了气。否则，就会捅出"漏子"来。

我们班李闯的爸爸因患肺癌晚期治疗无效病故了。这些天他的情绪很低沉，没心思学习，成绩下降很快。原来是我们班的上等生，这次期中考试却排了第28名。

一天中午，吃过饭，我坐在李闯的身旁，看着他愁眉苦脸的样子说："看这次你都排到第28名了，反正你爸爸已经死了，你怎么想他也不会活了。要注意自己的身体，更要努力学习，不然中考可怎么办啊……"还没等我说完，他气冲冲地站了起来，瞪了我一眼说："等你爸爸死时，你就明白是怎么回事了！"说完便拂袖而去。

张老师，从上面我说的那两件事中，您能了解我是个心直口快的学生，由于不知道怎么和同学说话得罪了不少人。我诚恳地希望老师给讲讲应该怎样对同学讲话。

洛阳　崔贵

崔贵同学：

成功地与同学谈话也是同学间沟通的一种技巧。在和同学谈话时要考虑同学是否理解你所讲的内容，还要根据同学反馈的信息随时调节自己的谈话内容。为此，要注意以下几个方面的问题：

一、用心选择话题

对初次见面的同学要用心选好话题。比如刚入初中时，班内的同学很陌生，当你准备要和某个同学讲话时，不妨先做一下自我介绍。自我介绍要适度，要实事求是，恰如其分，这样才能给人诚恳坦率的印象，也才能吸引同学愿意和你交往。选择话题的方法很多：一是投石问路法。与不熟悉的同学谈话，可提些问题，在此基础上进行有目的的交谈；二是循趣入题法。如先了解对方的主导兴趣，然后循趣出发，就能顺利交谈下去；三是即兴引入法。借用他人的一些信息，逐渐引入话题，再接着深入交谈；四是中心开花法。面对众多的同学，选择大家都关心的话题展开深入浅出的谈话。

二、巧妙构思对话

在与同学交往时，一般都采用对话的形式，如何巧妙地构思对话的内容会影响谈话的效果。成功的对话应是说话人和听话人的应答过程，自己的每一句话都应是对方上句话的继续，对对方的每一句话都应做出相应的反应，并能在自己的谈话中适当地引用和重复，才能使彼此的谈话更默契，做到心理上的真正沟通。

在与同学谈话时，不要轻易打断对方的讲话，扰乱人家的思路。当对方对某个话题兴趣极高时，不要强行把话题转到自己感兴趣的问题上来。在谈话时该解释的地方要耐心解释，以免使对方难以理解你的意图。不要强调一些与主题风马牛不相及的问题，免得对方产生厌烦情绪。

三、适时转移话题

和同学交谈时有时会出现两种情境：一是对方对某一问题谈兴正浓而自己对此却失去了兴趣；二是自己意识到对方以暗示的方法要求结束该话题的内容。凡是遇到这两种情况，就不必要硬着头皮勉强地维持这种谈话，而应该恰当地转移话题，重新开始新的交谈内容。

四、辅助应用非言语技巧

在与同学谈话中也少不了非言语交往技巧。美国心理学家杜拉比安说过："言语信息的表达 = 7% 的语调 + 55% 的表情。"这说明非言语符号在人际交往中起着重要的作用。在与同学谈话时，应当注意运用以下非言语技巧：

一是眼神技巧。在交往过程中，不少说话者以目光来传递情感，同时，听话者也常把它作为了解对方情感的手段之一。

在和同学谈话时，应看着对方，以示关注；说完最后一句时，应将目光转向对方的眼睛，好像在问："你认为我讲得对吗？"这也会起到使交往气氛更亲切的作用。

二是声调技巧。在与同学谈话时，能否恰当地运用声调，也是顺利进行交往的条件之一。

在和同学交谈时，柔和的声调表示坦率和友情，缓和低沉的声调表示对同学的同情，高尖并略带颤抖的声调表示对同学的不满，鼻音、哼声往往表示高傲、冷漠或鄙视。这对与同学的交往会起重要的作用。

三是体势技巧。在与同学交往中，也可以用体势来相互交流思想和情感。不同的体势表示着不同的态度和情感，如身体略微倾向于对方，表示热情；略欠身，表示谦恭有礼；身体后仰，显得轻视和傲慢；背朝对方，表示不屑一顾等。

握手的姿势在同学的沟通中也有不同的作用，握手时把五指张得很大，表明豁达，热情；把五指并拢，表明严谨、达礼；拇指离开，其余四指并拢，表明很有社交经验；如果只伸出两三个手指，则表示缺乏礼貌。同学们在和同伴交往时要恰如其分地运用握手的姿势。

四是距离技巧。人有一种保护自己的个体空间的需要，这并非表示拒绝与他人交往，而只是想在个体空间不受侵占的情况下自然地交往。个体空间实际上是使人在心理上产生安全感的缓冲地带，一旦受到侵占，人就会作出两种本能反应：第一种是觉醒反应，如眨眼的次数增多和手脚的许多不自然的动作；第二种是阻挡反应，如挺直身子、展开双肘呈保护性姿势，避开视线接触等。

一般社交距离，近端在 1.2—2.1 米；远端距离则应 2.1—3.7 米。这种距离彼此说话响亮而自然，交谈的内容也较为正式和公开。而个人距离是一个稍有分寸感的社交距离，其近端大约为 46—76 厘米，正好能互相握手亲切交谈；其远端大约为 76—122 厘米，任何熟人和朋友都可以进入这个空间，自由地交谈。

同学交往时，既要避免因误入他人的个体空间惹人生厌，又要避免因距对方过远而有装腔作势之嫌。从而，有助于增进同学间的交往。

五、切实避免口头禅

口头禅是言语的累赘，无论谈话的内容多么生动，如果加上诸如"啊"、"这个"、"那个"之类的口头禅，就如同米饭中加进了沙子，令人难以下咽。因此，在与同学说话时一定要注意避免出现口头禅。

改善同学关系的诀窍

张老师:

　　前天晚上,我坐在桌旁一个字没写,眼睛瞅着桌上横七竖八放着的一大堆作业心里很烦躁。突然,外面打了个闪,一阵雷声响过,我抬起头,望着打在窗上的雨点变成细水柱沿着玻璃慢慢地流下来。我的脑海里浮现着今天下午班会的情景:老师做个心理小实验,每人发一张测纸,测题说明班级举行娱乐活动时,要求三个人一小组,同学自愿结合,请每个同学在测纸上写出自己希望编在哪个小组的另两个同学的名字。统计结果,全班同学没有一个在测纸上写出我的名字,惟有我没被编入活动小组,为此,我十分痛苦。

　　外面的雨下得更大了,我的思绪纷繁,经过认真地追忆,我回想起两件与同学交际的往事:

　　初中一年第二学期的第二天,正赶上元宵节。那天早晨外边飞飞扬扬地飘起了鹅毛大雪,上学路上同学们兴奋极了,谈论的话题也自然离不开雪。有的说:"瑞雪兆丰年。"有的说:"八月十五云遮月,正月十五雪打灯。"但谈论最多的还是放学后如何痛痛快快地打雪仗的事。下午最后一节课是自习,下课的铃声刚响过,同学们就蜂拥般地跑向操场,自动分成两伙便迅猛地打起雪仗来。早春的雪攥成团挺坚硬,打在身上很疼。雪仗打得越来越激烈,一伙直追,一伙紧退,不一会儿,战场就转移到教学楼前,这时流弹似的雪团竟打碎了一楼教室的六七块玻璃。顿时大家不知所措,雪仗停止了。经过简要的商议,决定马上报告总务处老师,请示怎样赔偿玻璃的问题。结果每人要赔偿一元七角钱,当时我想玻璃不是自己打碎的,没交钱便离去了,同学们对我的举动很不理解。

上初三后，班里的同学更用功了，大家都想考上重点高中。一天放学后，同学们正在抄老师写在黑板上的练习题，我硬拉着几个爱玩的同学到操场上去踢球。大家玩得很起劲，天黑时才想起去教室取书包。可是，教室的门已经上了锁，钥匙被值日的同学拿走了。看到这种情境，玩球的同学都很着急，有的建议到同学家去取钥匙，否则，怕明天交不上作业挨批评。我说："大家放心地回去吧！明天我向老师解释一下，我想老师会谅解的。"听了我的话后，那几个同学吃过晚饭都很早便入睡了。我骑车到同学家抄了练习题，并找了一本新作业本，直到深夜12点钟作完练习才睡觉。第二天，老师收作业时，要求没交的同学站起来，玩球的那几个同堂被老师狠狠地批评了一顿，我坐在那里庆幸自己耍小聪明才免遭批评。下课后，同学们围拢过来质问我为什么说话不算数。我理直气壮地说："当时我说和老师解释，只不过是安慰你们的话，你们也不是没有头脑，到附近同学家把练习题抄来不就出现不了今天的局面了吗？"尽管说得那些同学哑口无言，可以后我再叫他们去玩球，谁也不理我了。

张老师，上述这两件事是我与同学不合群的具体表现。再有几个月我就要初中毕业了，我越来越体验到同学交往的重要性，也为自己过去没处理好同学关系感到遗憾。我迫切地盼望您能给我讲讲怎样才能改善和同学的关系？

哈尔滨　邹均策

邹均策同学：

从信中了解到，你已经认识到自己在与同学交往中存在的问题，并表示要努力改善与同学的关系，相信在实践中你逐渐会受到同学爱戴的。

与同学不合群的根本原因在于对同学交往认知的错误，要想取得同学的理解，必须要调整认知结构。

调整认知结构是改善同学关系的策略之一。认知是刺激和反应的中介，对同学沟通的认知也是如此。正确地认知同学关系是改善同学关系的基础；反之，错误地认知同学关系对同学沟通会产生消极的影响。行为受认知的支配，正确的认知会导致正确的同学交往，错误的认知则会导致错误的同学交往。初高中生同学交往障碍的原因主要表现为认知的错误，如有的同学认为："病从口入，祸从口出。"在他们看来，与同学交往应该谨小慎微，不知哪句话会得罪同学，和他们相处时最好多听、少讲。也有的同学认为："开口神气散，舌动是非生。"说话是造成同学分歧的原因，在同学中少说话为佳。还有的同学认为："见人只说三分话，莫可全抛一片心。"同学间无法真正沟通，与同学不能过多地讲真心话。

在学习生活中，同学们必须清除这些错误认知才能搞好同学关系。同时，要建立正确的认知，做到对同学要真诚关心，豁达大度，待人要温和体贴，克制忍让，只有这样方能改善同学关系，成为受同学欢迎的人。庞小川在初一时上学来放学就走，跟同学很少交往，同学们都说他是班里"只扫自己门前雪，休管他人瓦上霜"的人。因此，他在班级没有一个知心朋友。初二下学期学校组织学农劳动，他们班的劳动任务是拔玉米地里的草。劳动委员采取谁拔完谁休息。虽然垄很长，但同学们的劳动热情很高，大家都争先恐后地往前奔。快中午的时候，大部分同学都拔到地头了。他们又自愿从地头帮助没拔完的同学往回拔，当在地中间会师后，只剩下庞小川一个人继续往前拔了。同学们像没看见似的三三两两结伴回屯去了。

这件事对庞小川的触动很大，使他认识到必须转变对同学的看法才能改善与同学的关系。由于认识问题解决了，庞小川主动和同学接触，关心同学，帮助同学解决些实际问题。初三班委会改选时，大家一致投票选庞小川当了生活委员。

在和同学交往中还有一个黄金规则，那就是只能希望同学做什么，如果同学没做到，最多你会产生失望。在校园生活中，有不少同学生硬地对同学提些要求，这就是"反黄金规则"了。同学若没按你的要求做，你就会产生烦恼自找苦头了。同一件事采取不同的规则会产生不同的效果。如果你想帮助一位同学改掉不按时完成作业的毛病，你可说：

"作业是理解课程的重要手段，我希望你能完成作业，如果有什么具体困难，我可帮你解决。"你这是运用了人际交往的"黄金规规则"，同学见你态度很诚恳，他就会高兴地接受你的意见。否则，你若说："不按时完成作业算什么学生，我要求你从今天起当天的作业一定要当天完成。"你这时所运用的规则是人际交往中的"反黄金规则"，会起到适得其反的作用。弄不好同学反到会顶撞你说："我完不完成作业是我的事，你狗抓耗子多管闲事。"结果你好心办了坏事。在和同学交往过程中，要经常站在对方的角度去思考问题，这样既改变了自己的认知，又做到了与同学沟通，融洽了同学关系。

克服同学嫉妒的妙法

张老师：

　　我非常要好的朋友与我"断交"了，使我十分苦恼。不知如何才能恢复以往的友情，请老师予以帮助。

　　我和高非是同班同学，又都是业余体校的少年乒乓球队的主力队员。我俩一块上学，一块参加训练，整天形影不离。

　　去年"六·一"节，省里举行"雏鹰杯"少年乒乓球赛。比赛前夕，市业余体校举行选拔赛，结果，高非被选中。在参加省里比赛的前夕，每天放学后，我都陪高非到体育馆进行练习。一天晚上，练习结束后，外边就下起了大雨，我俩等了一会儿，不见雨停。我怕高非淋雨感冒影响训练，就把雨衣让给他。然后，自己冒雨骑自行车回家去，被雨浇得像落汤鸡似的。第二天发烧39度，住了两天医院才痊愈。

　　高非从省里比赛归来那天，我去火车站接他。当他戴着银牌走出检票口时，我高兴极了，跑过去和他紧紧地拥抱在一起。为庆贺高非荣获省少年乒乓球赛的亚军，我请他到肯德基店，美美地吃了一顿汉堡包。

　　高非得了亚军后，产生了骄傲情绪，逢人就讲打球靠天赋，训练不再刻苦了，还三天打鱼两天晒网的。我劝他应继续努力保持荣誉，他也听不进去。

　　入秋以来，教练调整了我的训练计划，加大了运动量，训练时我也十分刻苦，所以成绩直线上升。

　　今年春节后，国家乒乓球队来市里挑选少年预备队员，为此，市业余体校举行一次少年乒乓球联赛。要求凡15岁以下的乒乓球爱好者，不管是否体校成员均可参加，报名人数达百余人。经过分组淘汰赛筛选出 7 名选手参加决赛，我和高非均获得了决赛权。初赛后的那天晚上，高非趾高气扬地对我说："这次如果选一个人，我去后设法让你第二批进国家乒乓球少年预备队。"

经过一天激烈的决赛，我和高非打得都很出色，我们分别过五关斩六将，谁也没想到第二天这场冠亚军争夺赛竟落到我和高非的头上了。

北国的早春寒气逼人，晚饭后我和高非穿着羽绒服踏着瑞雪在宾馆附近的广场散步。沉默了好久，高非开口说："你不是我的对手，要有个思想准备，拿个亚军也不错吗？"我没吱声，只是看着高非憨厚地笑了笑。

次日上午 9 时，争夺冠亚军的决赛开始了。我和高非第一场成平局，在交换场地时，他狠狠地瞪了我一眼。第二局开始了，高非抽几板自己最拿手的弧弦球，可都被我巧妙地反抽回去了。观众席上响起了掌声与喝彩声。这时，高非慌了手脚连续两板失利，接着节节失败。最后，我以二比一战胜了高非，获得了这次选拔赛的冠军。比赛结束后，高非都没登领奖台领银牌，便直接跑回家去了。

从此，高非干脆不理我了，无论我和他说什么，他都像没听见似的，急得我不知哭了多少次。我去北京参加集训前的晚上，高非托同学带来一封信，我急忙拆开一看，上面写到："蔡江，咱们的友谊到此结束，你走你的阳关道，我走我的独木桥。"

张老师，我该怎么办呢？请您和我谈谈今后如何与高非交往？

齐齐哈尔　蔡江

蔡江同学：

是由于同学间的嫉妒才使高非与你分手的。不要恢心，要帮助高非克服嫉妒心理，你俩还会成为好朋友的。

嫉妒是初高中生在与同学交往中常见的问题，它是指担心同学在某些方面优于自己或记恨同学在某方面超过自己的情绪状态。

在初高中生里，嫉妒的产生一般有三个条件：

一是在同学中，各方面条件与自己相同或不如自己的人超过了自己。如平时和自己学习一样或者学习成绩不如自己的同学，在期中或期末考试中取得了比自己更理想的成绩；文娱或体育技能不比自己高的同学，在参加比赛中获了奖而自己却名落孙山。

二是在同学中，自己所厌恶而轻视的人超过了自己。如有的同学在日常生活中有些缺点或者和自己有些矛盾而他在某方面又确实超过了自己。

三是在同学中，各方面都比自己强，一贯超过自己的人。如有的同学不仅成绩优秀而且又能歌善舞，全面发展，处处都比自己优越。这种人事事爱有意或无意地炫耀自己。别人对他是由反感产生嫉妒的，当他在某方面受了挫折或暂时失败时，其他同学就会把嫉妒变成幸灾乐祸的心理。

嫉妒心理对初高中生来说，它既会影响反省，看不到自己的缺点，更不能进行自我批评，阻碍自己进步。同时，也影响同学间的团结。

在同学中，有被嫉妒者就有嫉妒者，要想消除同学间的嫉妒，也要从这两方面做起。

有的同学被别人嫉妒感到很委屈，应当怎样正确对待被同学嫉妒呢？

一、变嫉妒为动力

在学习生活中被同学嫉妒的人，往往是在其他条件和同学差不多，又没经过巨大的努力而是靠机遇获得成功的。

如果有的同学一两次的考试成绩超过别人，别人可能认为是偶然的，他们嫉妒的是你的"运气"。如果真是这样，你不必为同学的流言蜚语、冷嘲热讽所却步。而应变嫉妒为动力，吸取别人的合理内核，找出自己的弱点并要脚踏实地地克服它。经过刻苦努力学习，当你的成绩稳步提高，真正成为同学可望不可即的优等生时，他们会心悦诚服地佩服你，你也就不再成为他们嫉妒的对象了。

二、主动和嫉妒者心理相容

当被嫉妒者感到幸运时，嫉妒者可能感到不幸，这种反差便是嫉妒者的嫉妒心理产生的源泉。它也是造成嫉妒者与被嫉妒心理隔阂的原因，要想消除这种隔阂就必须使二者产生心理相容。为此。被嫉妒者要主动地与嫉妒者进行沟通。不计较他的态度和言行，诚恳地坦率地向他表明自己在某方面确实不如他，所取得的成绩带有很大的偶然性。并表示虚心向他学习，愿意接受他的帮助，这样，他的自尊心在某种程度上得到了满足，嫉妒心会慢慢地得到缓解。结果二者由于嫉妒所造成的不愉快的情绪便会烟消云散了。

三、注意关心嫉妒者

如果被嫉妒者注意关心嫉妒者，和他搞好关系。他会感到你的进步是对理想的追求，你也希望他不断进步。他会想到，你的成就和进步对他来说并不是一种威胁，同样也是他所期望的。这样就会杜绝嫉妒心理的出现，使被嫉妒者和嫉妒者变成好朋友。

对嫉妒者来说，怎样才能克服嫉妒同学的缺点呢？

一、改变消极的认知

嫉妒别人是一种不正确的也是消极的认知，这种认知的核心是看到别人超过自己心里就不舒服，总想千方百计地把人家拉下来。利己主义是这种消极认知产生的根源。当产生嫉妒心理时要立即打消它，即称为嫉妒打消法，这种方法是在头脑里进行的，也可称为认知转变法。一方面要在思想深处承认别人超过自己是正常的，即或是由于偶然或侥幸别人暂时超过自己也是正常的，因为有时自己在某方面也曾有超过比自己强的同学的时候。同时，要学会不仅为别人超过自己而感到高兴，还要在思想中树立发奋图强超过别人的信念，它是在友好的基础上，通过竞争使自己在某方面赶上或超过别人。有了这种信念，嫉妒同学的消极认知就会迎刃而解了。

二、消除心理不平衡

爱嫉妒他人的同学不愿意承认自己的失败，有不服输的思想。当别的同学超过自己时心理就出现了不平衡，因此，消除心理不平衡，也是克服嫉妒的方法。

"酸葡萄"理论就能帮助初高中生消除由于嫉妒同学所导致的心理不平衡。所谓酸葡萄理论来自伊索寓言故事。说的是有一只狐狸，花山上偶然发现一棵攀到高树上的葡萄藤，结满了串串晶莹欲滴的葡萄，狐狸很想摘几串吃个痛快，可它跳了几次都够不着。无奈，只好自言和自语地说："那些葡萄是酸的，我才不想吃呢！"说完便径自走开了。

嫉妒状态对当事人是很痛苦的事，通常这种痛苦为时并不太久，如果注意自我调节就更能迅速地恢复正常。"酸葡萄"理论就会帮助产生嫉妒心理的同学达到这种目的。如果有的同学因期中考试的成绩不好没升入快班，可想："任当鸡头不当凤尾，留在慢班更好，我的学习成绩在前面，老师又重视我，和快班相比更有利于我学习成绩的提高。"也可以想："人生是漫长的，失意时应处之泰然。"如此一来，嫉妒的心理就会渐渐地淡化了。

三、学习被嫉妒者的长处

有不服输思想的同学，往往都有不虚心的毛病。有时甚至把别人的优点硬说成是缺点。要想克服嫉妒别人的缺点，就应从克服不虚心的毛病入手。更擅于发现被嫉妒同学的优点，不仅要找出人家在哪些方面超过了自己，更要反复琢磨人家超过自己的原因，并虚心向人家请教。这样，你就能消除对同学的嫉妒，又能了解自己应该向他们学习什么，使你不断进步，最后一定能获得成功。

总之，同学间出现嫉妒心理是正常的，只要肯注意克服，它并不会影响同学间的交往。

● 来自交往的烦恼

如何开展批评

张老师：

我是高二（1）班的班长，昨天因为一件事和班里很多同学发生了矛盾，心里很不痛快，才给您写这封信。

我们的学校是一所全封闭的农村寄宿高中。学校三令五申地不让同学在宿舍里使用电炉子，可有的同学却当成了耳旁风，照样在寝室里用电炉子煮挂面和做菜什么的。前天是学校的大休日，因为一个月才休息一次，所以，大多数的同学都回家了。我们寝室算我才剩下5名男生。

下午，我们寝室的那4名男生到集市上买了些肉和青菜等，想好好地改善一下生活。回到宿舍后把菜洗好，切成了凉菜，然后把切好的五花三层的小方块肉，放在电炒勺内，炒出浮油后加上些花椒、葱蒜姜等调料，添满汤便插上了电源，又用电饭锅焖上一锅米饭，就急急忙忙锁好门去电教室看中央电视台"世界大学生运动会"开幕式的现场直播节目去了。临走前，他们把电炒勺打开看看，心想看会儿电视回来就能吃上香喷喷的红烧肉了。谁知"大运会"的开幕式太精彩，太吸引人了。大家完全浸沉在那鼓舞人心的气氛中，把红烧肉的事早已忘到脑后去了。他们看完电视后，不仅红烧肉变成了焦炭，电炉下的小木箱已被燃着，当他们打开宿舍门时，一道长长的火舌喷出来，宿舍的被褥等物全部燃烧起来。

这时，我从教室自习回来，一方面立刻切断电源，一方面呼喊同学前来救火。多亏留校的同学纷纷赶来，用脸盆水桶等迅速提水及时地扑灭了火焰，险些酿成一场大火灾。清理现场时，做饭的那4名同学把烧坏的木箱和电炒勺、电饭锅的残骸等统统扔到学校西边的大河里，把寝室收拾得干干净净，没留下任何蛛丝马迹，并商榷了应付调查火源时的策略。

晚间，在县教育局开会的校长特意返回学校，组成一个由总务主任和高二（1）班班主任等人参加的调查组，负责对这起火灾进行严肃认真的调查。调查时，做饭的那4名同学异口同声地说，他们离开宿舍时忘记拔掉听外语用的录音机的电源，可能因电源超负荷短路造成的火灾。邻寝几位知情的男生因怕说出真相受那4名同学责备，只是支支吾吾地说当时到河边游玩不了解具体情况。看到这种情形我很气愤，当场就把那四名同学在寝室做饭的全部经过一五一十地全盘端了出来。并汇报了自己制止他们使用电器时所遭到的非议的情境。

昨天，学校经核实后决定，对那4名在寝室做饭的同学，除每人罚款600元外，还分别给予记大过一次的处分。当天晚上又在我们寝室召开了在校同学现场会，教育大家要吸取这个沉痛的教训。

会上，绝大多数同学都很钦佩我敢于开展批评的精神，认为不怕得罪人的精神是可贵的。会后，我们班留校的20多名同学把我围拢起来，有的质问我不该家丑外扬；有的说我那是出风头；也有的劝我以后遇事要多留点心眼……受处分那4名同学在寝室里一晚上都不理睬我。

张老师，在同学中应不应该开展批评？应该怎样开展批评，我从心底里想听听您的意见。

吉林　徐小兴

徐小兴同学：

你敢于开展批评的精神是值得赞扬的，当今，在中学生中尤其应倡导开展批评与自我批评，批评与自我批评是解决同学间矛盾最好的武器。它从团结愿望出发，经过批评或自我批评，在新的基础上会达到新的团结。

开展批评与自我批评是调适同学关系的重要策略之一。但在同学中怎样恰当地开展批评与自我批评是值得重视的问题。

一是批评从自己入手。在同学中开展批评常遇到这样一种现象，那就是被批评的同学会错误地认为似乎批评他人的人是在用批评的手段显示自己的优越。结果产生抵触情绪，自然会减弱批评的作用。

倘若批评者先进行自我批评，找出自己的不足，可以淡化被批评者的逆反心理，从而自觉地接受批评。如高一（3）班的生活委员因家有事，下午回家前忘把间操时学校布置的大清扫事告诉班长了。结果放学后只有他们一个班因没打扫卫生而受到学校的批评。在班委会的民主生活会上，班长首先做了检查，说这件事的责任在他身上，是由于他没提醒生活委员所造成的。接着生活委员做了认真的自我批评，以后，他们班级的卫生始终都在年级名列前茅。

在学习生活中，和同学发生些矛盾是难免的，如果和同学发生了矛盾，要先做自我批评，客观地找出自己存在的问题。这样，会促使同伴也反省自己的错误，既解决了同学间的矛盾，又加强了团结。

二是批评要将称赞摆在前面。要同学承认自己的错误，就意味着要他在某种程度上做自我否定，这往往在中学生中很难做到。如果先称赞他的优点。然后再指出不足，对批评的接受性就会明显增强。如高二（3）班崔东风为迎接校运动会，在操场上练习投标枪，下午上课迟到了。班长点名时，先表扬了崔东风利用午休时间练习标枪是热爱集体的表现，接着又对他的迟到行为进行了批评。崔东风感到班长能一分为二地看待他，就虚心地接受了批评，以后再也没发生过类似现象。

在批评同学前，应先分析他犯错误的动机，既要肯定正确的一面，又要实事求是地批评其错误的一面，使他愉快地接受批评，迅速地改正缺点，不断地争取进步。

三是利用暗示的方法开展批评，会容易使他认识到自己的缺点。如高三（4）班的梁敏自尊心特别强。一天，物理老师在走廊里给她一份练习题，让她转交给学习委员，在自习课抄在黑板上，让同学们进行演算。结果由于她忙于到数学老师那里去补课，把这件事给忘了。第二天上物理课时，老师问起做练习的情况时才发现梁敏没把练习题交给学习委员，大家也就没做这份练习。同学们的意见很大，梁敏却没有披露自己由于遗忘压下试题的事实。看到这种局面物理老师说了一句："可能由于我疏忽把试题在走廊交给别的班同学了，下课我查一查，今天再给你们班补上。"事后，梁敏终于主动找物理老师承认了错误。

如果你认为在一些场合不宜对同学进行直接批评，可改用暗示间接进行批评。这样，效果可能会更好一些。

四是批评要给同学留面子。有时在公共场合看到同学的一些缺点，如果你当时进行批评，他明知你批评得对，但为不丢面子，也硬不承认。不如你暂时保住他的面子，强调他的错误有一家的理由，这样，会比直接的批评效果要好些。如足球比赛前，刘力营和康和平因一点小事闹了别扭。在赛场上，康和平故意不配合刘力营，致使比赛失败了。场外的同学看得特别清楚，一致埋怨康和平不该在赛场上耍脾气，认为输球的责任全怪他。可刘力营却说是由于康和平昨晚没睡好觉，身体太疲劳才传不出好球的。这件事使康和平很受感动，他当大家的面主动地承认了错误，并给刘力营同学赔礼道歉，两个人的矛盾就缓解了。

批评同学的目的是为了帮他改正缺点，所以在开展批评时一定要讲究策略。在批评前要想好怎样批评同学才能接受，要考虑批评的实际成效。只有这样，才能既不伤同学的和气，又能使同学接受批评，解决矛盾。

被老师误解怎么办

张老师：

　　我是一个好学生，最近因为一点误解和老师闹翻了。几天来，我一直陷于痛苦之中。

　　我们初二（1）班同学从初一时起就有个坏毛病，不少同学在家不能按时完成作业。在写作业的过程中，遇到难题不愿动脑思考，没做完就放在一边了。第二天早自习时，那些同学就东看看西问问，问明白再把没做的题补上。也有极个别的同学。看时间来不及了，就抓过别的同学的一个作业本，照葫芦画瓢地抄完就草草交上了事。

　　升入初二后，新换的班主任就从作业抓起，如果谁在家没做完作业，不允许在第二天早自习时补做。每天早自习他比同学来得都早，要求同学到校后的第一件事，把作业本分科放到讲台桌上，然后，吩咐各科科代表马上把作业本交给各科老师。接着，他再领全班同学读英语课文，直到下自习为止。开学两周后，再没有一个同学到校来补作业了，而且也没有一个同学再不按时交作业了。我们的班主任是教几何课的。由于上初二刚开这门课，很多同学感到学习有困难。我和阮立功对几何课十分感兴趣，课上爱发言，课下也爱向老师请教问题。老师很喜欢我俩，有时还把我们叫到教研室去，单独给我们布置些难题，专为我俩开小灶。不久前，几何单元测验，全班78名同学，只有我俩得了100分。在班主任老师眼里，我和阮立功是全班同学中几何学得最好的2名同学。

　　一天下午自习课，几何科代表发作业时，没有我和阮立功的。不一会几，老师把阮立功叫去了，他回来后又叫我去了教研室。老师和我们谈话的内容大体相同，那就是暗示我们是否有抄袭别人作业的现象。没有亏心事不怕鬼吹灯，当然我们都矢口否认。无奈，老师只好各打50大板，在我和阮立功作业本的同一道题上，划了大"×"，并用红笔醒目地写道："抄袭他人作业可耻！"

拿到作业本后，我和阮立功才发现，原来我俩所谓做错那道题证得一模一样。上小学时，我和阮立功是同班同学，我俩多次被评为三好学生。上初中后又被分到一个班，初一学年结束时我俩又被评为三好学生。从小到大我俩一直是学习尖子，从未做过违纪的事情。这次被老师扣上抄袭作业的大帽子，我俩也反复琢磨，我们事先又没研究，怎么能错得相同呢？我们带着这个问题请教了有多年教学经验的数学特级老师，经过反复论证，这位老师告诉我们，虽然在当今所有教科书和参考书中找不到这种证法，但答案是科学的，正确的。

没有不透风的墙，我们"抄作业"的事在全班很快就传开了。有的说："还三好学生呢！抄作业多丢人！"有的说："可能考试也是抄的吧！靠抄别人卷子当三好学生多不光彩！"各种压力一起向我们袭来。我晓得这压力均来源于班主任老师毫无根据的怀疑，在前天的几何课上，我把心中的气都出在了老师身上，当同学的面质问老师我们作业到底错在了什么地方。因班主任老师已了解到那位特级老师的看法，一时说不出什么，弄得很尴尬。

张老师，这几天，我和老师关系搞得挺僵，真不知该怎么解决这个矛盾，望得到您的指教。

南昌　林海原

林海原同学：

老师和同学之间的误会是时有发生的，同学要正确对待老师的误解。

首先，在老师和同学之间产生矛盾时，同学一定要冷静地客观分析，避免主观猜测感情用事。一般说来，老师和同学间产生矛盾或误解都是由学习活动引起的。老师都希望同学喜欢他们教的课程，希望同学

● 来自交往的烦恼

141

都能把他教的这门功课学好。老师围绕着学习所进行的批评动机都是善意的，也都是对同学的高标准要求。但有的老师批评同学时也会出现些失误，在事实上有些出入，从而引起同学的抵触情绪。被批评的同学会认为老师是看不起自己或故意和自己过不去。同学遇到这种情况时，一定要依据客观事实进行分析，看老师到底有什么看法，不能只凭主观就得出老师对自己有成见等。好好想想，老师是教知识的，学生是学知识的，老师无论提出什么批评都是针对学生的学习状况展开的，又没有个人的恩怨，怎么能会产生成见呢？如果初高中生能客观分析，就会消除偏见，增进师生间的沟通。

孟晶当了三年语文科代表，她的语文基础知识扎实，写作水平也很高，每次老师讲评作文时，她的作文都被列为范文。大家和她开玩笑时，总爱管她叫"女作家"。他们的语文老师从高一就教这个班，一直跟了三年，她很赏识孟晶这位得意门生。

离高考还有三个多月，这位语文老师请产假了。新来的代课老师教学经验不怎么丰富，第一堂复习语法课，在分析句子成分时，孟晶提出几个疑问，老师一时不知怎么回答是好，出现了"将军"的局面。

第二次语文课，老师讲解一篇课外读物《夹竹桃》。老师分析得很生动，同学听得津津有味。这时，孟晶发现代课老师有语病，每讲一句话后都轻轻地带个"啊"字。讲课不到 15 分钟，老师竟说出 16 个"啊"字。她把这个发现写个纸条传给邻桌的孙艳看，被老师发现，走过去把纸条团成小球扔在了纸篓里，并当众批评了孟晶。第二天上学的路上，孟晶和这位老师打招呼，老师没搭理她。因为这三件事，她的情绪很低落，认为老师对自己有成见。因此，她找班主任老师，要求辞去语文科代表的职务。

班主任老师在和那位代课老师交谈中了解到，孟晶提意见时，他不仅没想法反而认为科代表的语文水平很高。关于上课传纸条的事，他不知纸条上写的什么内容，只是对影响课堂纪律提出批评。至于路上孟晶和老师打招呼的事，因当时学生很多，根本就没听见。

孟晶这才弄清了事实真相，心中的疑团消失了，仍然认真地做起了科代表工作。

谁烦恼——一个心理学家与中学生的对话

其次，要做到有理让人，无理认错。在师生交往中，出现些"磕磕碰碰"是常事，但要记住，小磨擦处理得好，可以"化干戈为玉帛"，处理不好，就会留下"隐患"。因为学习的事，师生间出现些误解，同学要站在老师的角度设身处地地想一想，老师是不是故意地站在自己的对立面，自己的言行有没有什么误导。通过互换位置理解，就会认识到，班级里那么多的同学，老师要想真正做到有的放矢地进行教学和教育工作也是很困难的。他们对问题的判断也不一定就准确无误的，出现些误解没有什么大惊小怪的，也是正常的。如果问题存在，就作以借鉴也是有益的。师生间出现些暂时的误解，学生应本着有理让人，无理认错的态度，这样才能把事情办好，也才能消除误解，改善师生关系。

去年放寒假本来就比较晚，初三学年组按学校意见还要补课一周。这样，同学回家就到腊月二十八了，那年又是二十九过年。按农村的习俗，把过年看成是大事，家长也希望孩子能早几天放假回来帮家里淘米、做豆腐或上县城办点年货什么的。所以，同学们对补课的意见很大。

补课是以班级为单位，初三（2）班同学把意见和班长洪大猛提了，让他和老师反映一下，能否把补课安排在春节后进行。还没等班长反映意见呢，外语老师就找到他说："你们班的外语基础较差，学校决定春节前这一周集中补外语。当干部的不能做群众的尾巴，要说服同学服从学校的决定。"当天，在班会上，洪大猛就把外语老师的意见向大家讲了，并动员同学克服困难留下来补课。同学们的对立情绪很大。

傍晚，村里来人捎信说洪大猛的爷爷病了，听后他很着急。他2岁时，妈妈和爸爸离婚后跟别人远走他乡，7岁那年爸爸又因肝癌病故，他是跟着爷爷长大的。爷爷已70多岁了，屋里屋外的活都靠他一个人做。现在爷爷病了，家中无人照料，他一定得请假回去看看。当他去教研室找老师请假时，老师全都不在。于是，他给老师留个请假条，便连夜赶回家去。

第二天补课时，别的班全都出席，惟有他们班缺了9名同学，外语老师为此很不满意。洪大猛到家后给爷爷抓点药，又去邻村把姑姑接来照料爷爷。在家住两宿，爷爷的病稍有好转他就返回学校了。

　　补课结束了，外语老师总结时讲："初三（2）班同学出席率低和班长洪大猛有关，他本人还借故爷爷有病回家几天。开学后，我建议班主任把他的班长撤下来，否则这个班没个好。"听过老师的话，同学们都为班长抱不平，让他找校长告外语老师的状。洪大猛耐心地对同学们说："外语老师还不是为咱们好，他家离学校20多里路，住宿舍，顾不上回家准备过年的事，只想安心为同学补课，我们也得为老师着想啊！"

　　林海原同学，你应主动和老师交换意见，相信你会妥善处理问题求得老师谅解的。

怎样消除与父母的隔阂

张老师：

　　昨天晚上，因为理发的事，妈妈狠狠地把我训斥了一顿，弄得我和妈妈都很不愉快。

　　我7岁上小学那年，一次下午学校检查卫生，老师发现我的头发长，特意嘱咐我下午回家理发。吃过下午饭，我坐在小板凳上，妈妈用裁衣服使的剪刀，一剪挨一剪地剪掉了我的长头发，自己照镜子一看，一块黑一块白的。到校后，老师看着我的头发说："怎么理得像狗啃的一样。"我辩解地说："我妈说凉快就行，过几天长齐就好了。"妈妈的那把剪刀一直伴我读完了小学二年级。还是一天下午，我回到家里，妈妈背后藏着一样东西对我说"你看，妈妈给你买了什么东西？"我急忙绕到妈妈身后抢下一个绿色的硬纸盒，打开一看是一把锃亮的理发推子。我高兴地跳了起来说："太好了！以后再不用剪子理发了！"妈妈就是用这把推子在我头上学的手艺。开始尽管理得参差不齐，但要比用剪刀的效果好多了。三四年级前一直理小光头，从五年级开始给我留小分头了，有时自己偷着照照镜子，觉得梳分头比光头漂亮多了。

　　不知为什么，上初一后，我不喜欢妈妈为自己理发了，这事没少与妈妈闹矛盾。有一次气得我两个月没理发。后来，还是爸爸出面说情，妈妈才肯让我和同学们一道去理发后理发。但每次回来都免不了唠叨几句："理发花4元钱，都够买半斤多肉了！""一个头发剪短了就行呗！漂亮又不能当饭吃！"这时，我就拖着妈妈的脖子撒娇地说"老妈别说了，我长大挣钱还给你。"妈妈也就收回了话匣子。

进入初二后，我们班男生的发型开始跟了潮流，一阵子流行小平头，一阵子流行三七分，一阵子又流行中分。不管怎么追潮流，我都是跟在最后边，别人淘汰的发型我才捡起来，不少同学都嫌我太"土鳖"。

前天在校运动会上，看到我们班有两名男生又理了新发型，说是叫"秃鬓式"。我打听一下，是在"阿刚发廊"理的，价格16元。正好到我理发的时候了，心里真想要理个"秃鬓式"。反复思考，就是心疼那16元钱。今天早晨，我的同桌吴京也理个"秃鬓式"，这才使我下决心要理这种发型，也赶把潮流，好摘掉"土鳖"的帽子。放学回家我先打开自己的储蓄罐，从春节时爷爷给的10张10元新票中取出20元。急急忙忙吃过晚饭便到"阿刚发廊"理发去了。

回家后，妈妈正在厨房里刷碗，看到我理了发，上前仔细看看说："这次理新花样，还是理发店王奶奶理的吗？"我说："她能理出新花样吗？这是在发廊理的。"一听说发廊，妈妈就急了，问："花多少钱？"我说："16元，是我从储蓄罐里取的。"于是，妈妈鼻子不是鼻子脸不是脸地说："好啊！还没退黄嘴丫子翅膀就硬了，16元够理4次发了。我从小到大没进过理发店，28岁和你爸结婚时才烫一次发，现在都是你爸给我剪发。"说着说着便进屋趴在床上大哭起来。弄得我一晚上都没看好书。

张老师，为什么我和妈妈之间有隔阂？怎样才能消除这种隔阂呢？请您为我讲讲好吗？

济南 余克

余克同学：

子女和父母间的隔阂，就是我们通常所说的代沟。它是影响子女和父母间的人际交往的一种障碍。

代沟指两代人之间存在的某些隔阂或心理距离。它有广义和狭义之分。广义的代沟指青年人和老年人之间的隔阂与心理距离。狭义的代沟则指父母和子女间的隔阂。代沟的产生主要有以下两原因：

首先，父母和子女生活年代要相距30年左右。父母总愿和子女比童年，喜欢用自己成长的经验教育子女。而子女则认为父母生活的年代已成为历史，那时的经验已经过时了，他们希望自己能跟上时代的步伐。现在17—18岁的子女是新世纪的学生，而他们的父母17—18岁时则是70年代末的学生。同是17—18岁的学生，相隔30年。不同的历史形成不同的观念，要让子女接受父母30年前学生时代的观念很困难。同样，要让父母接受30年后学生的观念也是办不到的。

其次，父母和子女的生活经历不同，也是造成他们之间的隔阂的重要原因。父母年轻时的生活方式、生活习惯和子女现在的生活方式、生活习惯也有很大的差距。要让子女接受父母年轻时的生活方式和生活习惯，或让父母接受子女现在的生活方式及生活习惯都是不可能的。例如，父母30年前，17—18岁时要能穿上一件棉大衣就心满意足了，对于这一点子女是很难理解的；现在子女17—18岁时穿一件皮夹克也许还不十分满意，对于这一点父母同样是很难理解的。

以上分析说明，父母与子女间的隔阂是由于双方存在不同观念所造成的，这是不可回避的事实。当然，这并不意味着父母和子女就找不到共同语言，也并不意味着父母和子女就无法和睦相处。如果经过双方共同努力，仍会奏出协调悦耳的和弦的。

那么，初高中生应当如何消除与父母的隔阂呢？

一、诚心接纳父母的意见

如果经过认真地分析，确实认识到造成隔阂的主要原因在自己，就应心悦诚服地放弃自己的见解，接受父母的意见，并按父母的想法办，争取把事情办好。如高二（2）班学生施若英在文理科分班时，坚持要上理科班。父母认为她语言和外语基础特别好，数学成绩也不错，但物理和化学成绩较差，上文科班比上理科班要有利些。后来，施若英经过周密思考，认为父母的见解是高明的，就改报了文科班。

二、求大同，存小异

有的初高中生和父母的意见出现分歧时，双方均固执己见，不肯相让。他们很难达成一致意见时，子女要以耐心的态度说服父母采用"求同存异，和平共处"的方法。关键是要在尊重父母意见的基础上，让父母了解自己的动机，取得双方都满意的结果。高三（4）班的吴斌数理化成绩十分出色，言语表达能力又很强。他自己希望考综合大学物理系。父母都是高中的数学教师，希望儿子将来当名数学教师，就动员他报考师范大学数学系。吴斌认为父母说的有道理，自己口头言语能力强，考师大有优势，所以，决定报考师范大学。但他酷爱物理，又说服父母同意他报考了物理系。达到了两全其美的结果。

三、暂时保留意见

在现实生活中往往也有父母认为自己的意见对，子女同样认为自己意见对的情况，而且双方的理由都很充分。这时，子女要主动心平气和地说服父母，不要轻易地让一方服从另一方的意见。双方可暂时保留自己的意见，待时机成熟后，再见机行事决定取舍。米连生是某重点高中新生中成绩最高的一名学生。在新生家长会上，老师建议家长要考虑孩子的职业定向问题。父母考虑他全面发展，建议他以后应学数理化。他自己对语文有浓厚的兴趣，准备以后报考文学专业。两种意见争论不休。米连生建议双方不要忙于统一意见，自己表示要努力学好各门功课，到毕业前再决定。父母认为他的意见很有道理，也同意暂保留各自的意见。后来，他的外语成绩十分突出，几次在省和全国中学生外语大赛获奖。毕业前夕被免试保送到某重点大学外语系，他和父母都很高兴。

初高中学生和父母产生隔阂是难免的，关键在于要对消除隔阂抱积极的态度，不要等待父母去消除隔阂，而要学会体谅父母，从自己做起，学会主动地处理好和父母的关系。

来自学习的烦恼

学习是指由于知识经验的获得而引起的能力和行为的变化。

初高中生的学习活动与小学生的学习活动相比具有不同的特点。初高中生之间的学习活动也有较大的差别。一般说来，初中生学习活动的特点表现为：学习成绩分化明显；智力因素对成绩的影响逐渐显示出来；学习的主动性和被动性并存。高中生学习活动的特点则表现为：以掌握理性的间接经验为主；学习主动性增强；学习策略和技巧更完善。

但是，无论初中生还是高中生的学习都离不开老师的指导，在某种意义上讲，他们的学习尚存在着不同程度的依赖性。因此，初高中生搞好学习的主要条件是学会主宰自己的学习，做学习的主人。在学习过程中逐渐掌握些必要的学习策略，这样，对提高学习成绩定会大有益处的。

巧妙组织新知识

张老师:

　　昨天发表了中考成绩,我的六科总分得了 364 分,最多一科得 65 分,最少一科 59 分,在全班考了倒数第二名。老师不但没批评我,反而说我虽然收效甚微,但在学习上付出的代价很大。放学后,家里人也没批评我,只是奶奶唠叨几句:"广惠只能耕耘不能收获,是个十足的笨小子,天生不是学习的这块料,初中毕业后找个工作算了……"

　　在小学期间,我本着慢鸟先飞的精神,天天手不离书本地死记硬背,虽然考试成绩排的名次在后面,各科成绩均 70 分以上,还说得过去,从未出现过不及格的情况。

　　上了初中,课程的门类多了,内容也比较抽象和深刻了。我仍搬用小学时的学习方法,无论是理科还是文科,基本上还是靠死记硬背,结果第一学期的期末考试就有三科不及格。

　　从此,我的心理压力大了,学习比以前更刻苦了,几乎吃饭时也拿个教科书背,但仍无济于事,这次考《思想政治》的前天晚上,我开了大半宿夜车。后半夜两点钟才上床躺下可又睡不着了。折腾挺长时间,凌晨四点钟,妈妈给我吃两片安定,才迷迷糊糊地睡了两个多小时,这科成绩勉强得了 59 分。

　　爸爸是搞地质工作的,到西藏去搞国家重点科研项目,在那里整整工作两年没回家。昨天刚到家,爸爸看我个子快赶上他高了,很高兴。爸爸拿着我的成绩单看了许久,什么也没说,把成绩单交给我,大家就高高兴兴地吃晚饭了。

今天晚上，我写完作业，爸爸坐到我身边一面翻看我的教科书一面说："广惠，你的书这么干净，一点划道道的地方都没有，你每天是怎么看书的呀？"我对爸爸说："我看书时都是一遍遍地默读，读几遍以后再试着背，一般都是这样的。"

爸爸亲切地看着我说："学习要善于动脑思考，在理解的基础上，再去记它就容易得多了。"爸爸的话对我的启发很大，但一时又找不出如何理解学习内容的方法。

张老师，在学习中我最大的问题就是学得太死，不知道怎么对学习的内容进行加工理解，更不知道怎样才能把它变为自己的知识。老师，您能为我介绍一下如何系统掌握知识的方法吗？

沈阳　关广惠

关广惠同学：

我很佩服你不怕挫折，刻苦学习的精神。从信中得知，你在学习中存在的主要问题是学习不得法。第一步要先解决对所学的知识进行加工的问题，也就是我们所说的组织新知识的策略。

如果平时你把文具盒里的文具全部倒出来，再乱七八糟地扔进去，文具盒能盛得下吗？

如果你刚玩完扑克，把扑克横七竖八地往扑克盒里塞，扑克盒能容纳得下吗？

如果你把学过的知识，不经过任何整理，只通过死记硬背地往脑袋里装，你的脑袋能接受得了吗？

但是，如果把文具和扑克整理好再放进文具盒或扑克盒里就不成问题了。

如果把学过的知识，动脑加以分门别类地进行整理，有系统地储存在头脑中，回忆时再提取就方便了。

那么，怎样才能在头脑中把新知识组织起来呢？一般说来，有以下两种方法：

一、归类法

归类法是指把相同或相近的材料归为一类，并储存在记忆里。

一次，初二（1）班老师在黑板上写了 18 个词，即白菜、电视、床、萝卜、沙发、洗衣机、土豆、电冰箱、椅子、微波炉、桌子、西红柿、茶几、豆角、音响、茄子、书橱、电扇。然后，要求同学们读三遍，看谁背得快，背得准。结果只有一个同学背对了，从他背的顺序同学不难发现，他是在头脑中把这 18 个词分成三类，蔬菜，家具和电器，然后再分门别类地进行识记，所以很快就背诵出来了。

平时同学们学习的各科知识，都应在理解的基础上进行分类以便记忆。初中一年级代数中的有理数涉及很多数概念，如整数、分数、正数、负数等。如果同学认真钻研一下教科书，在笔记本上整理出一个分类系统：

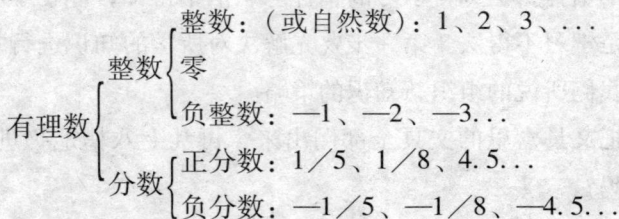

$$
\text{有理数}\begin{cases}
\text{整数}\begin{cases}
\text{整数：（或自然数）：}1、2、3、\ldots\\
\text{零}\\
\text{负整数：}-1、-2、-3\ldots
\end{cases}\\
\text{分数}\begin{cases}
\text{正分数：}1/5、1/8、4.5\ldots\\
\text{负分数：}-1/5、-1/8、-4.5\ldots
\end{cases}
\end{cases}
$$

这样一来，有理数的有关概念变得井然有序，更有助于掌握所学的知识。

二、提纲网络法

邢大胜是初二（1）班有名的好学生。期末政治考试的前几天晚上，孔庆茂请邢大胜给划重点题。可是，邢大胜拿出来的却是几张白纸作成的复习提纲，上面画满了大小括号组成的知识网络。见孔庆茂不解的样子，邢大胜忙说："我把政治书上的全部知识都用这个提纲串了起来，只要把提纲的内容理解并记住了，无论老师怎么出题，都不会跑过这个提纲的范围，这叫是纲挈领。"孔庆茂抱着半信半疑的态度把邢大胜的复习提纲借走了，回到家里，他一边看复习提纲一边看书，两天的时间竟把一本政治课的内容都记住了，考试得了100分。于是，邢大胜的学习方法很快在班里传开了。同学们纷纷借阅邢大胜做过的许多复习提纲，都称赞他是"提纲大王"。

编写复习提纲是根据一定线索把学习材料串起来，这样，识记后使知识在头脑中能系统化，既便于理解又便于回忆。

编写复习提纲的类型很多，比较适用的有两种：

一是时间线索型。这种提纲适用于组织那些有时间顺序的课程内容，如语文课中的记叙体的课文和历史课中的历史事件等。下面是为初中《中国历史》第四册中的第19课《巩固人民政权的斗争》中的抗美援朝过程所作的时间线索型提纲：

1950年朝鲜战争爆发——1950年10月25日以彭德怀为司令员的中国人民志愿军开赴朝鲜，同朝鲜军民一起抗击美国侵略者→1951年6月，朝中军民把美国侵略者赶到"三八线"以南，收复了朝鲜北部领土→1952年10月，美国侵略军发动金化战役，造成谈判桌上的有利地位→1952年11月，志愿军发动反击，收复了失地，取得了上甘岭战役的胜利→1953年7月，在朝中人民军队的英勇顽强抗击下，美国侵略者被迫签订了《朝鲜停战协定》，朝中人民取得了反侵略战争的伟大胜利。

通过编写时间线索型提纲，这一节的内容都被串连起来了，很容易根据时间的线索掌握住事件的发展脉络。

二是层次分布型。这种提纲运用于组织较为复杂的材料，也是一种最常见的编写复习提纲的方法。它的特点是在多个层次上对材料进行归纳与分类。下面是为初中《中国历史》第二册中的第九课"封建文化的高峰"（三）即"五彩缤纷的艺术"所编写的层次分布型复习提纲：

五彩缤纷的艺术

- 书法
  - 特点：随唐时期是我国书法艺术的高峰。
  - 书法家及作品
    - 欧阳询
    - 虞世南
    - 褚遂良
    - 张　旭
    - 怀素和尚
    - 颜真卿
    - 柳公权　《玄秘塔碑》
- 绘画
  - 特　点：宗教画的现实生活气息浓厚。人物故事画、山水画、花鸟画大量出现。
  - 画家及作品
    - 展子虔　《游春图》
    - 阎立本　《历代帝王图》
    　　　　　《步辇图》
    - 吴道子　《天王送子图》
- 莫高窟：世界最大的艺术宝库之一。
- 音乐
  - 音乐家及作品
    - 万宝常《乐谱》64卷
    - 耍龟年
    - 唐玄宗
- 舞蹈
  - 舞蹈种类
    - 健舞
    - 软舞
  - 舞蹈家：　孙大娘
- 体育：摔跤、拔河、围棋用马球、足球等。

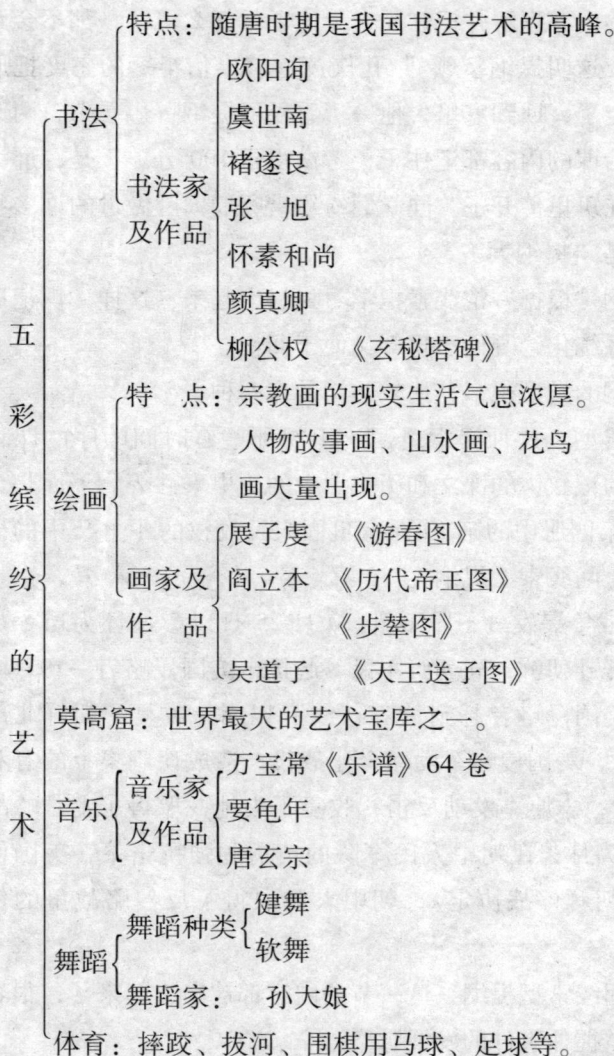

　　从上表可见，《五彩缤纷的艺术》这一课中的内容都已被整理到这一提纲中了，复习时只要看两遍提纲，其内容也就会历历在目了。

　　关广惠同学，一般说来，课本的目录就是一份条理清楚的提纲，通过对目录的分析，会加深对全书内容结构的理解。此外，教材中还有许多现成的提纲，其中黑体字也是很好的提纲，它能反映教材内容的结构关系。应学会运用这些现成的提纲。

　　编写提纲是加强理解，帮助记忆的一种好方法。不信你也试一试！

怎样提高复习效果

张老师：

　　我今年刚上初中，第一次期中考试就打了败仗，共考了6科，我有4科不及格。昨天开完家长会一家人都不高兴，看着爸爸妈妈闷闷不乐的样子我真想大哭一场。可又怕使他们更伤心，我只好忍着痛苦。

　　张老师，小时候，爸爸妈妈说我是个乖巧的女孩，老师说我是个聪明伶俐的好学生。在小学的6年间，我的学习成绩一直都是班里数一数二的。我的学习有两个特点：第一，上课老师讲的内容当堂我就能理解记住；第二，放学后除了写作业，我根本不用复习功课，考试前两天突击背一背，准能考出好成绩。

　　在小学五年级的时候，老师医到外地开会，提前一周就把课程讲完了。那几天，学校流行腮腺炎，我也被传染上了，因发病较重住了五天院。出院后第二天就要期末考试了，我只好临阵磨枪，头天晚间背第二天要考的科目，考完再接着背第三天的考试科目……我没觉得费劲，结果各科成绩还是优秀。

　　上初中后，我仍用小学的学习方法。开学第一周我只觉得课程的门类多了，当堂老师讲的内容不能全部消化理解，更谈不上全能记住。可是，又不知怎么改进学习方法，所以，只好跟着功课表跑，每天做完作业就没事了，认为复习功课也没有用处，等考试前再背一背是不会有问题的。

　　两周前的一天下午，老师和我们讲了期中考试的日程安排。听过后我没在意，觉得还有七八天的时间，复习满有把握。临考的头三天，我又和小学一样，按考试先后科目，准备一天晚间背一科。谁知第一天晚间就卡了壳，我一翻历史书，看内容那么多，脑子里空空的，书上内容好像从来没有学习过一样。于是，我慌了手脚，开了大半宿夜车，还未背会三分之一的内容。所以，那三天晚上全部用在历史上了，结果还没复习完。后来紧张的什么也看不下去了。考试的时候，只能闭门造车，凭着主观猜测答卷。

这次彻底考砸锅了，除了代数和英语及格外，其他的4科平均分数不到50分。

几天来，我的心情很不好，曾怀疑自己的学习能力，爸爸妈妈耐心地开导我，说我刚升入初中，对新的学习有些不适应，还让我向老师请教学习方法。在家长的启迪下，我的消极情绪有些缓解。我冷静地思考一下自己之所以考得落花流水，其主要原因是上完课之后不知怎么复习。老师，我诚恳地希望您能在百忙中回信，为我讲讲提高复习效果的方法。谢谢。

长沙　金雅琴

金雅琴同学：

你在信中提到的问题，是刚上初中的同学普遍存在的问题。升入初中后，不仅学习环境发生了变化，学习内容也相应地发生了变化。这些变化对初中生提出了许多新的要求，学习方法的改变就是其中之一。

正如你在信中提及的那样，复习方法的好坏直接影响着学习成绩。下面我就简要地讲讲怎样复习才能提高学习效果：

一、复习要及时

遗忘是有一定规律的，它的发展进程是不均衡的，识记的最初遗忘较快，以后逐渐减慢。

例如，初一学生王礼，上周一下午记住了100个英语单词，此后他没再复习。当天晚上就忘了40个，只能答出60个。第二天，他又忘掉了10个，还能答出50个。一个星期后忘掉了6个。一个月后又忘掉了

2 个，还剩 42 个。由此可见，王礼记过单词后，开始忘得最快，以后就忘得越来越慢了。

针对这一规律，学习过的知只一定要及时复习。一方面，刚刚学过不久，复习起来比较容易；另一方面，在最容易发生遗忘的时期进行了复习，以后就不容易再忘了。

二、分配复习

指复习一段内容后休息暂短的时间，然后再接着复习，这样比连续复习的效果要好些。

初二学生张玉霞，以前写作业时一坐就是三个小时，学习效率很低。数学老师告诉她一种间时复习的方法，让她回去试一下。那天老师留七道数学作业题，她先认真地做完四道休息五分钟又接着做后三道，很快便做完了。

这种学习方法的好处在于，一是有近景动机，自己意识到完成一部分作业能休息一会儿，学习起来有奔头，容易调动学习的积极性。二是完成一段学习任务进行短暂的休息，能够防止积累的疲劳，保持充沛的精力，使其提高学习效率。

三、阅读和尝试回忆相结合的方法

研究资料表明，在没有完全记住学习内容之前，就尽早地尝试回忆，是提高复习效果的重要条件。

同学们在记文字材料的时候，就应当根据材料的意义将其成分几小段，边读边背，最后再整合一起，这样记效果定会比一遍又一遍地阅读，直到能够背熟的效果要好得多。

梅迹和罗大勇吃过晚饭在一起做完作业，又想起语文老师留的要背诵《天上的市街》的口头作业。他俩商定各自回家后，都要把这首诗歌背熟。第二天到校后，利用早自习的时间相互检查，梅迹背得熟练，罗大勇有好多地方都背错了。放学后，罗大勇又来到梅迹家，要求梅迹教他背《天上的市街》的具体方法。梅迹指导是他这样背的：

> 远远的街灯明了，
> 好像是闪着无数的明星。
> 天上的明星现了，
> 好像点着无数的街灯。

（让罗大勇反复读几遍，停止阅读。尝试背诵，背不对的地方再读，接着背。记住后再往下读。）

> 我想那缥缈的空中，
> 定然有美丽的街市。
> 街市上陈列的一些物品，
> 定然是世上没有的珍奇。

（反复阅读，边读边尝试回忆，直到记住为止。）

> 你看，那浅浅的天河，
> 定然是不甚宽广。
> 我想那隔河的牛郎织女，
> 定能够骑着牛儿来往。

（停止阅读，尝试背诵，记住后往下继续。）

> 我想他们此刻，
> 定然在天街闲游。
> 不信，请看那朵流星，
> 哪怕是他们提着灯笼在走。

（停止阅读，尝试背诵，记住后再尝试合并四小节背诵一次。若遇到困难，找到发生困难的一节，重新背诵此节。直到能熟练地背诵四小节为止。）

背完后，罗大勇像哥伦布发现新大陆一样，高兴地拍着梅迹的肩膀说："你怎么不早告诉我这种记忆方法呢？太好了。"

在学习生活中，有很多记忆的材料不像诗歌那样容易分段。那就需要认真理解，依据材料的意义把它分成小段，然后再读背结合，照样可以收到好的复习效果。

四、分散复习和集中复习相结合的方法

分散复习优于集中复习。因为集中复习很快会引起保护性抑制。复习越集中，它的抑制作用就越大。而在分散复习时，休息能使神经细胞恢复其工作能力，效率就会提高一些。

同学们在学习过程中，应自觉地学习完一个单元就复习一个单元。否则，到期末一起复习，既费力又没有好效果。

五、动员多种感官参加复习

在复习时尽可能运用多种分析器的活动，以提高复习的效果。例如，学习外语单词时，把看、读、听、写结合起来，比单纯看的效果要好。研究资料表明，用三种方式让学生识记 10 张画片，单纯视觉识记，效果为 70%；单纯听觉识记，效果为 60%；而把视觉和听觉结合起来识记的效果则为 86.3%。因此，同学们在学习时，要动用多种感官参与以不断提高复习效果。

金雅琴同学，希望你在学习实践中慢慢地学习上述提高复习效果的方法。下次考试时，你定会取得可喜的学习成绩。

如何消除分心的干扰

张老师：

　　我从小就有分心的毛病，做什么事都不能精力集中。在课堂上不注意听讲，爱做小动作。一次考数学，全班就我自己错了两道题，扣了16分。开家长会时妈妈看试卷后了解到那两道题错的原因，一道题的最后一步为$4×4$，我顺手把应该填到等式的得数16写成了4。另一道题为$72÷8$，我在头脑中想着$8×9＝72$，明明得数是9，可我就写上了8。弄得妈妈啼笑皆非。

　　渐渐地在生活中养成了心不在焉的坏习惯，听旁人说话时也常常思想溜号，有时竟闹出了笑话。有一次，妈妈正在厨房里拌饺子馅，看到没酱油了，随手递给我二元钱，让我到小铺买一袋酱油。由于我没注意听，到小铺跟前才发现自己不清楚妈妈让自己来买什么。后来，想到妈妈包饺子，吃饺子需要醋，于是，就买了两袋醋。到家后知道买错了，不得不重新补买了一袋酱油。

　　上初中后，年龄稍大了，也常为自己的马虎行为而苦恼。为此，父母也伤透了脑筋。

　　最近，在一次数学课上，老师讲得津津有味，开始我听得也很起劲。不知什么时候，老毛病又犯了，连我自己也不晓得头脑中都想了些什么。后来我发现老师讲课暂停了，同学们不约而同地向我投来了惊奇的目光。这我才意识到自己不但走了神，而且，低声地唱起了歌。老师以为我故意捣乱课堂，把妈妈请到了学校。那天晚上，妈妈、爸爸和我静静坐了许久，爸爸才说："小居，你应给心理咨询教师写封信，求助老师帮你矫治一下注意力分散的毛病吧！"于是，我才提笔给您写这封信。

张老师，望你能根据我的情况讲讲注意力分散是怎么回事。像我这么严重的注意分散的坏毛病能矫治吗？用什么办法才能矫治呢？您最好帮助我想想办法，能不能告诉我用什么方法来消除分心的干扰。

杭州　孟允居

孟允居同学：

注意力分散是学习的大敌，一定要引起高度的重视。

注意是一种常见的心理现象，具体说，它是各种心理现象的属性，是对心理活动的指向和集中。

当人们仔细观察某种事物的时候，注意和知觉同时发生；当人们努力回忆过去学过的某些知识时，注意和记忆同时发生；当人们在课堂上用心思考问题时，注意又和思维同时发生。这说明，有了注意，学习活动才能正常进行。

古往今来的成才者，注意的品质都是优良的。据说晋代书法家王羲之在写字的时候，书童送来一盘薄饼和一碗蒜泥。过会儿，夫人走进书房看见王羲之满口是墨，原来，王羲之误把墨汁当蒜泥蘸薄饼吃了。他见夫人进来，还不停地夸奖夫人做的薄饼好吃，逗得夫人忍不住笑了起来。这个故事充分反映王羲之练字时的注意稳定性的程度。

许多研究资料表明：班级里优差生的智力水平相差不大，学习成绩的差异集中地表现注意品质的不同。良好的注意力是成功学习的重要保证，分心又是干扰学习的重要因素。

那么，如何消除分心的干扰来提高注意力呢？

首先，提高对所学课程的兴趣。

为什么有的同学在听课时难以集中注意，而玩电子游戏时却能够专心致志，不受干扰呢？这是因为同学对电子游戏有浓厚兴趣的缘故。

兴趣是集中注意的前提之一。也许对课堂所学的知识不如电子游戏那么感兴趣，但是，可以培养对所学知识的间接兴趣。

黄英杰上初一时，班级的大多数同学在小学时都学过英语，惟有他是从字母开始学习的。由于基础差，自己的压力也大，第一次外语考试就不及格。学习劲头越来越不足，上外语课注意力不集中便成了家常便饭。

一次，学校请一位数学博士来作报告，着重讲述了自己刻苦学习四门外语的事迹，并讲了外语在科研中的重要作用。这次活动对黄英杰的启发很大，他决心努力学好外语。以后他抓紧一切时间背单词，读课文，上课积极发言。逐渐对英语着了迷，课堂上精神再也不溜号了，初一期末英语考试，他竟得了 93 分。

要想克服分心的缺点，培养对学习的兴趣是不可缺少的一环。

其次，明确当前的学习目标。

分心的一个重要原因，往往是自己忽略了当前正在从事的学习任务。因此，要想集中注意力，就必须时刻提醒自己把注意稳定在学习目标上。避免脱离学习目标的方法很多，下面简要地介绍几种：

一、课前预习

预习不是简单地课前浏览一下教材的内容，而是要着重了解课程内容的要点、重点和难点等基本框架，明确本节课的学习目标。这样，带着问题在课堂上有目的地听讲，才有利于保持注意力。

原来，范江上语文课时总爱走神，尤其是当老师分析课文时，十次有八次他准想想开小差。有一次，老师布置预习初中语文第三册作文参考范文《无花果》后，范江认真读了几遍。并在笔记本上写出了段落大意：

第一段：按时间顺序依次介绍了无花果从发芽到结果、成熟乃至枯黄落叶的整个过程。

第二段：说明无花果的价值，尤其重点介绍了它的医疗保健价值，表明其开发利用的前景十分广阔。

第三段：说明无花果的栽培种植情况。数字说明，准确、平实。

第四段：介绍其得名的原因，指出无花果并非"无花"的事实，给人以明晰清楚的解释。

课堂上老师读了一遍《无花果》的文章后，让同学自己分段并说明每段的大意。范江多次举手回答问题，这堂课他的注意力十分集中，受到老师的表扬。

后来，无论上什么课，范江都做到认真预习，他上课思想溜号的毛病改多了。

二、作笔记

作笔记不仅有利于课后复习，更重要的可以使自己在课堂上时刻跟踪老师的讲解，不给走神留任何余地。

在上文科课的时候，要认真的记笔记，准保不会出现走神的情况。

三、勾划

如果有的同学不习惯作笔记，可以边听课边看书，把老师讲到的重点和难点等都用红笔勾画出来。这样，会有利于维持注意，也是一种克服分心的策略。

四、自我提问

在听课的过程中，还可以通过自我提问，以保持自己的注意稳定在老师讲课的内容上。初二王丽媛同学就是用这种方法消除分心干扰的，如历史老师讲"一二·九运动"时，她在头脑中马上提出个问题："想一想，我们今天应向'一二·九'时的爱国学生学习些什么？"讲到"团结抗战"时，她又在用内部言语问自己："想一想，抗日民族统一战线是怎样正式建立的？"由于她一环接一环地为自己提问，就能紧跟老师的思路，保证聚精会神地听课。

此外，主动排除干扰也是提高注意力的措施：

一是减少外界干扰。有的同学上课时爱摆弄小东西，如玩橡皮、小刀等，这是造成注意力分散的原因。因此，在课前，把桌面的小东西都收起来，减少不必要的干扰，上课时就不会再分心了。

二是减少内部干扰。内部干扰包括疲劳和情绪，上课时应保持精力充沛和情绪稳定，否则就会出现分心的情况。初一的曾繁伍同学每天中午吃过饭就去操场踢球，天天都踢得精疲力尽的，下午上课时不是打瞌睡，就是想入非非，经常不能注意听讲。后来，他中午不做踢球等剧烈运动了，再上课时又能精神饱满地认真听课了。

上课前要把所有的不良情绪，包括委屈、烦恼和愤怒等统统释放出来，这也是防止分心的重要方法之一。

培养自学能力的法宝

张老师：

去年我以 631 分的优异成绩考取了县重点高中。上高中后，我的学习比初中时更刻苦了。但学习方法和初中时没有多大改变，学习的被动性很大，老师让干啥就干啥。

在学习的过程中，我的学习方法基本是理科课程除认真完成老师留的作业外，回到家里有时间就演些老师布置的课外练习题。文科课程，课下一般不复习，考试前把老师留的复习题，按书上的内容一道一道地写好答案，背会就算了事。

高中课程的内容比初中课程的内容既广且深，再用初中时的记忆战术已经难于招架了。高一上学期的期末考试，我费了九牛二虎之力，各科平均成绩才得 81.5 分。家长批评我越学越退步，我自己也十分烦恼。

寒假期间，我到住在省城的姑姑家去玩。姑姑十分疼爱我，因为是姑姑把我带大的。我刚满周岁，当时爸爸妈妈在地质队工作，经常出野外作业，实在无力照料我，只好把我寄养在姑姑家。姑姑家的表妹和我同岁，生日比我小一个月。我和表妹是一起长大的，不了解实情的人，还以为我和表妹是双胞胎的亲兄妹呢？我 12 岁小学毕业时，爸爸妈妈调入了县城地质大队的机关工作，才把我接到他们身边开始了初中生活。我们居住的县城距姑姑家不到五百华里，可我就读的地质大队子弟中学，寒暑假都有补课任务，所以三年来我没去姑姑家一次，姑姑想我就到我家来住几天。

小时候表妹的学习成绩没我好，中考的成绩整整比我低 30 分，是自费升入重点高中的。我来的当天下午姑姑对我说："歇几天，好好帮你妹妹补补物理，她这科学得很差，这次期末考试才得了 84 分。"听完姑姑的话，我的脸一直红到脖子根，因为期末考试的题都是省教育学院统一出的，我的物理都赶不上表妹，才得 79 分。

后来从与表妹交谈中才得知，她们学校很注重自学能力的培养。听表妹说她的同学一般都超前学习，没等老师讲到那章自己就学会了，学得非常主动，她说自学能力强的同学成绩均名列前茅。听过表妹的话，我对自学能力强的同学非常羡慕。

从姑姑家回来，我的心情久久不能平静。新学期开始 20 多天了，我下决心要培养自学能力，但又无从下手，希望老师能多加指点。

吉林　白竞成

白竞成同学：

你在信中咨询有关自学的问题，是高中生普遍存在而又迫切需要解决的问题。培养高中生的自学能力是智力竞争时代刻不容缓的要求，也是高中生自我发展的一项战略任务。

高中生的自学能力，是指他们独立地获取、探索和应用知识的能力，它是由多种能力按一定的结构组合而成的综合能力。高中生要想培养自己的自学能力，要从以下四个方面做起：

一、要培养独立确定自学目标和计划的能力

目标是自学的方向和动力，是制订自学计划的依据。高中生应具有主动确立自学目标和制订自学计划的能力。确定自学目标一定要从实际出发，而且要把大目标分成几个可以操作的具体小目标，并且要制订如何实现各个目标的实施性较强的计划。

朱开智到高中后，门门功课都学得很轻松，就是英语基础差，学起来较费劲。于是，他根据自己的情况，决定通过自学把英语成绩提高上

去。他确定的目标是本学期把英语成绩从 78 分提高到 85 分。并且还确定了每天要记 20 个单词和读 5 遍课文等具体目标。在此基础上还制订了切实可行的自学计划，尤其保证时间的落实。结果，期末英语考试得了 91 分，已超过了原定目标。

二、要培养选择自学材料的能力

自学内容是自学能力发展的基础，内容不同自学活动的效果和水平也不同。因此，高中生要根据自学目标选择自学材料，其内容的广度、深度和难度要适合自己的情况，达到可接受性的要求。

王猛力初中物理基础较差，高一上学期老师讲的力学干脆听不懂。到书店买些有关参考书，回来一看比教材还难，无法进行自学。后来，向同学借了一本"高一力学入门"，这本书引用了大量实例，道理也讲得深入浅出。不到一个月的工夫，他的物理成绩就赶上中等了。后来他不断调整目标，自学的内容也随之加深并对物理产生了浓厚的兴趣，高二一期被同学们选为了物理科代表。

三、要学会自学的方法

高中生自学的方法是指他们收集、贮存、加工和应用信息的方法，它包括一般学习方法和特殊学习方法。

高中生的一般学习方法很多，最基本的有以下几种：

阅读的方法：高中生阅读的材料可分为两类，一类是课本，另一类是课外读物。

不少高中生不善于主动地阅读课本。阅读课本是自学的重要环节，最好课前做到认真预习，主动阅读课本。阅读理科课本时，要弄懂定义、定理和公式的推导，并要通过阅读和演算例题掌握定理和公式的应用。阅读文科课本时，把重点放到理解上，可以通过勾画、眉批等方法领会教材的基本内容和重点、难点。

课外读物要少而精，筛选一些好的辅导材料可以帮助加深对课本的理解。也可以适当地阅读些科普资料和文艺作品以扩充自己的知识面。

听课的方法：课堂教学是高中主要的教学形式，听课是学生获得知识的重要渠道。听课是学生理解知识的关键环节。要在课前预习的基础上带着问题听课：第一，通过听课检查自己阅读的效果，看自己对教材内容的理解和老师讲的是否一致，如果不一致时，动脑想想老师为什么那么讲，自己为什么没那样理解，达到弄懂知识的目的。第二，通过听课搞清阅读时没弄明白的知识，老师讲到这部分内容时要格外注意听，起到答疑的作用。第三，注意听老师下课前的小结，掌握本堂课的要点。

记笔记的方法：高中生有两种笔记，一种是课堂笔记，即一边听老师讲课一边记笔记。这种笔记不能有言必录，除记下老师板书的大小标题外，一方面要记下用自己的话概括出的老师讲述的每个问题的要点，这样有助于对老师讲授知识的消化理解，另一方面要记下自己没听懂或难理解的知识，以便课后加深理解。

另一种是课外阅读札记，高中生的这种笔记可摘录些新知识，也可记读后的心得体会等等。这能起到加深对课外读物理解的作用。

作业的方法：一般说来，数理化等理科课程，最好在复习的基础上，吃透定理、公式后再做作业。因为各种习题都是运用定理、公式的过程，所以在理解和熟记定理和公式后再进行演题才能形成熟练和技巧。

语文、历史、政治等文科课程，也应在认真复习彻底理解内容的基础上再做作业。但要注意除必要的名词术语外，最好都要用自己的书面言语进行叙述，这样才能做到对所学的知识融会贯通。

高中生的特殊学习方法是指不同学科特有的学习方法。如物理和化学等课程，除领会课本的基础知识外，还要掌握必要的实验，通过实验操作加深对相关知识的理解。

四、要养成良好的自学习惯

高中生应养成良好的自学习惯，使科学的学习方法成为熟练的技能和技巧，成为自动化的自学行为方式，使自学成为自己学习过程的有机组成部分。

要提高对自学过程进行自我检查、自我评价和自我调控的能力，使自学活动能有序、高效地进行。

曹海兴高二一期得了胸膜炎，住了一个多月的院，耽误了许多功课。出院后上课时有些内容自己听不懂，心里很着急。后来，在同桌同学贺云龙的帮助下进行自学，不到一个学期的时间尝到了自学的甜头，学得十分主动。在高三的一个学年，他一面听老师讲新课，一面自学高一和高二的课程，基础知识掌握得很扎实，毕业时考取了重点大学。

怎样克服怯场

张老师:

　　我连续考两年大学都没考取，今年又以 7 分之差名落孙山。我痛苦极了，请老师助我一臂之力，帮我渡过难关。

　　我是个很要强的女孩，对学习有特殊的兴趣，尤其酷爱理科课程。在初中时，课本上的内容不够学，我就到新华书店买了不少诸如《数学手册》、《物理难题解析》等方面的参考书。放学回来，便如饥似渴地在自己的小屋里解题，有时妈妈喊了三四遍才过去吃饭。几次参加省里初中生奥林匹克数理化竞赛都榜上有名，因此，毕业时免试被推荐到重点高中。

　　入高中后我的学习也一直很好，三年来各种模拟考试成绩没出过年级的前五名，被同学誉为五状元之一。

　　高考前的一个月，学校召开了家长会，研究怎么报志愿的事，老师讲，按往常的经验我进重点大学是不成问题的。爸爸妈妈一商量，也未征求我的意见，当场把志愿表的第一栏全都报上了重点大学，以下的栏目一概空白，他们的理由是目标高些对我有好处。

　　回家后，我听过这个消息既高兴又紧张。高兴的是如果取了重点大学不仅实现了父母的愿望，而且也登上了成才的阶梯；紧张的是万一考不好又没有一般院校接底，岂不自找落榜？因已把我逼上了梁山，只能进不能退，惟一的出路就是加大复习的力度。一方面延长了复习的时间，从原来的晚 11 点就寝改为 12 点就寝；另一方面又增加了做题的数量，由原来的一周做一次大卷，自己从资料中补充些题，改为三天做一次大卷。父母对我调整的学习计划十分满意。

谁烦恼——一个心理学家与中学生的对话

高考前的那天晚上，爸爸妈妈在饭桌上又提到了报考志愿的事，并说发榜后邀请亲朋挚友去宴春楼大酒店庆贺一番。饭后和往常一样我又去自己的房间复习第二天要考的课程，心里反复想着考不上重点大学，爸爸妈妈该多失望啊！越想越烦躁，一直折腾到凌晨3点多钟才迷迷糊糊入了睡。起床后我感到嗓子难受，四肢无力，妈妈一摸我头滚烫，马上去医院，体温高达39.2度。我是带着吊瓶进入考场的，第一科考的是语文，我坐在那里，觉得自己像木头人似的，脑袋不转个，没写完作文时间便到了。第一科考砸了，情绪很低沉，以后的几科连我自己也不清楚怎么稀里糊涂考完的。

　　发榜那天，爸爸从学校回来，像霜打的茄子一样，无精打采的。我从爸爸手中接过分数条，看到只得423分时，眼泪刷地一下流了出来。老师和同学都为我落榜感到很惋惜。

　　有人说，"一朝被蛇咬，十年怕井绳"。我亲自体验到了这种苦恼。第一年落榜后，我又复习了两年，这两年我在补习班里，尽管三天一小考，两周一大考，各种模拟考试铺天盖地，我的成绩很稳定，依旧是数一数二的。

　　可一进正规的高考试场，我立即被笼罩在一种无形的紧张中，明明会答的题，甚至平时做过多遍的相同的类型的题也变得陌生起来。待走出考场一切又重新醒悟起来。这三次落榜把我推向了痛苦的深渊。前天，原班主任老师来我家看望我，说我这是一种心理障碍。我心中油然现出一种希望，就马上给您写信，希望您能把我从痛苦中解脱出来，圆了我的大学梦。

石家庄　马丹丹

马丹丹同学：

　　高中生高考怯场，又称考试境遇性焦虑障碍，是常见的一种心理现象。指学生因情绪过度紧张而使实际水平得不到正常发挥的临场状态。

　　紧张是一种情绪状态，一般是由外部环境因素或个体内部因素而引的焦虑不安的情绪。平时威胁肌体健康的任何刺激，例如对身体有害的威胁，对个人自尊心的挫伤，超过个人能力的学习压力等情境均能引起焦虑。焦虑的水平可以从轻微的不安一直到惊慌失措。对高三的学生来说，轻度的焦虑不仅无害，而且还可以激发他们的斗志，唤起警觉，提高学习的效率。

在高考中，完全不焦虑的学生不见得会取得好的成绩，而往往具有中等焦虑水平的学生却可以很好地完成高考任务。有的学习一贯好的学生由于考试十分紧张导致严重焦虑造成考试失误，这就属于考试怯场的问题了。怯场的表现是以重度焦虑为核心，还伴随着头晕、手足刺痛、乏力、多汗、呼吸困难、睡眠障碍、躯体疼痛、面部潮红、静坐不能、害怕、不幸感、心悸、手足颤抖、惊恐等身心症状。

确定考生是否产生怯场大致有四条标准：

第一，有既往考试焦虑史。在高考中出现怯场的同学，一般在过去的升学考试中如中考时就出现过焦虑状态，如果只是偶尔出现一次焦虑状态则不能诊断为考试境遇性焦虑障碍。

第二，考生平时学习成绩很稳定，考前准备也很充分，没有任何生活事件的干扰，如身体因素、家庭因素和社会因素等，考试成绩明显低于平时。

第三，临场焦虑水平较高。如用焦虑自评量表自测，一般总分可达35分以上的严重程度。

第四，考试后考生焦虑情绪可自行缓解，很快就恢复正常。

如贺永庆平时学习成绩优秀，尤其是几何成绩更为突出。在高考中有一道几何题怎么也解不出来，用了近半个小时的时间还是转不过弯来，到底没想出解决方案，无奈只好丢了这道题交了卷。可是，当他走出考场便猛地想起了这道几何题的证法。他向同学说明自己的解法，和同学们的答案一模一样。为此，他回家大哭了一场。

但是，有典型怯场症状的，即可以判断为考试境遇性焦虑障碍的考生是个别的，只占考生总数的3.8%。男女考生相比，女生略多些，男生有考试境遇性焦虑障碍的占男生总数的2.4%；而女生有考试境遇性焦虑障碍性的则占女生总数的5.2%。男女生的比例为1：2.15。

克服怯场的方法很多，考生可自行调节的方法主要有以下三种。

一、消除不良认知

人的情绪是通过认知的折射而产生的，考生的紧张情绪是他们不良认知折射的结果。考生的不良认知是多种多样的，例如，怕考不上大学对不起父母；认为考不上大学没有前途；怕考不好丢面子等等。

要想使考生在应试中不出现紧张情绪，首先要消除他们对高考的不良认知，树立正确的认知。这就要考生提高对高考意义的认识，做到一颗红心，多种准备，使他们认识到升大学或通过自学同样是成材之路。减轻心理压力，放下包袱，轻装前进。这样，精神振奋地去应试，就会防止怯场的出现。

二、注意转移

在考场中如出现怯场造成情绪高度紧张，可用转移注意的方法克服紧张情绪。可以喝口事先准备好的饮料或往头上抹点清凉油等，或闭一会儿眼睛冷静一下头脑，达到转移注意的目的。也可以拉弹事先套在左手腕上的橡皮圈，拉弹要适度，不能产生痛觉。一边拉弹一边用内部言语数数，1、2、3、4、5、6……直到紧张情绪消失为止。

注意转移了，紧张情绪缓解了，怯场的现象也就消失了。

三、放松训练

焦虑情绪会引起躯体肌肉紧张，做放松训练就能消除肌肉紧张，同时，焦虑情绪也就缓解了。

曾出现过怯场的考生，在高考前一周，每天晚间坐在沙发上，微闭双眼，全身放松，按下列步骤进行操作：

第一步：紧握拳头→放松；伸直五指→放松。

第二步：收紧小臂→放松；收紧大臂→放松。

第三步：耸肩向后→放松；提肩向前→放松。

第四步：保持肩部平直转头向右→放松；保持肩部平直转头向左→放松。

第五步：屈颈使下颚接触胸部→放松。

第六步：张大嘴巴→放松；闭口咬紧牙齿→放松。

第七步：使劲伸长舌头→放松；卷起舌头→放松。

第八步：舌头用力顶住上腭→放松；舌头用力顶住下腭→放松。

第九步：用力睁大双眼→放松；紧闭双眼→放松。

第十步：深吸一口气→放松。

第十一步：肩胛顶住椅子、拱背→放松。

第十二步：收紧臀部肌肉→放松臀部肌肉用力顶住椅子→放松。

第十三步：伸腿并抬高15—20公分→放松。

第十四步：尽可能地收缩腹部→放松；绷紧并挺腹→放松。

第十五步：伸直双腿、脚趾上翘→放松。

第十六步：屈趾→放松；翘趾→放松。

休息两分钟，再做→遍。

如果在考场中出现紧张情绪，可微闭双眼做三四次深呼吸，也可达到缓解紧张情绪，克服怯场的目的。

掌握应试的学问

张老师：

一年一度的高考即将届临，我的思绪很混乱。去年因差 1 分没进录取线而落榜，所以我的心理压力很大。

原来我和单立夫从小学到高中一直是同班同学，又是非常要好的朋友。我俩上学一起来，放学一起走，还经常在一起研究功课。我俩的学习成绩也不相上下，比上不足比下有余，都属于中上等生。

进入高三后，我俩的学习更刻苦了，最后一个学期初的模拟考试成绩，我俩均进入了百名榜。老师和同学都认为我俩能考上大学，我们也很有信心。

为实现共同的愿望，高考前单立夫搬到我家来住，我俩猛拼了 50多个日日夜夜，白天在学校里和同学们一起认真听课和做练习，晚间演些白天没弄通的习题。我俩的成绩不断稳步上升，对于考大学，我俩心中还是蛮有把握的。

高考时，我俩都觉得答的得心应手。当然平时我们又不是学习拔尖的，难免各科都有些答不上的题，但这些难题就是在平时的模拟考试中出现我们也很少答对。总的说来，我们自认为发挥出了最佳水平，自我感觉良好。

高考后，为了缓解我们的紧张情绪，我俩还去风景胜地千山旅游一次，我俩十分放松地玩了三天，好像积郁在心中的压力一下都释放了出来。

发表成绩单那天，我俩高兴极了，单立夫的高考总分为 526 分，我只比他少 1 分得了 525 分。家长心里的石头也落了地，认为我俩是三年的苦功夫没有白下，并开始筹划购置我们上大学的用品。

几天后，当我从广播中听到理科的本科录取线为 526 分时，当时就傻眼了。因为我没报专科的志愿，注定落榜了。我蒙着毛巾被在床上躺了三天，拒绝见任何人。半个月后发榜了，单立夫考上了一所不太情愿去的学院，在亲友的劝说下他还是去了。

临走的那天，我去车站送单立夫，他紧握着我的手激动地说："振奋起来，复习一年，你准能考上。大学毕业后咱们再考研究生。咱俩一定会实现金色的梦。"

去年初秋，我又回到母校进了高考补习班。这一年，我仍是踏踏实实地学习，成绩有增无减，

前天，学校的集中复习结束了。班主任老师把我找到教研室和我语重心长地说："求科，你要充满信心，今年考入大学是不成问题的。我征求过所有任课老师的意见，他们都说你答卷有些潦草，卷面勾勾抹抹的地方很多，这也会影响分数，这次一定要注意应试策略。

张老师，应试有策略吗？您能给我讲讲应试有哪些策略吗？望您能回信给指教。

大连　王求科

王求科同学：

应试本身就是一门学问，你去年的一分之差可能就出现在应试策略上。应试策略很多，下面介绍几种与高考关系较大的应试策略：

一、观察试卷的策略

去年高考时，有位成绩不错的考生谢贵，他高高兴兴地走出考场，看到几位同学正在外面对数学答案，赶忙凑过去听。当他听到别人议论

一道题的得数为 13mm 时，顿时脑袋"嗡"地一下，以为自己算错了一道题。可他刨根寻底地问了半天，才发现由于马虎把这道题遗漏了，感到后悔莫及。

高考时像谢贵同学的这种情况时有发生，那么，怎样才能杜绝答卷漏题等现象的出现呢？最好的办法是发下考卷后，先不要忙着答题，要好好地观察一下试卷。观察试卷时，应注意以下几点：

一是要认真阅读试卷的说明和要求。有的试卷的前边规定些具体要求，这是有关答卷的指导原则，文字虽然不多，但很重要，只有弄清试卷的说明和要求，做到心中有数，答题才能顺利进行。

二是要浏览试卷全貌。有的考生怕浏览试卷影响答题时间，往往发下试卷后马上埋头答卷，结果可能会事与愿违，浪费更多的时间。

拿到试卷后，先不要忙于答题，而要两分钟的时间按照试题的顺序从头到尾地把整个试卷浏览一遍，迅速了解试卷全貌。基本上，弄清试卷共有多少页、试题的类型和数量，每道题应得的分数等等。阅读试卷后，大体上能把握试卷的整体信息，对完成的可能性所需用的时间也能有个估计。

在浏览试卷中，更要着重了解哪些题自己虽然没遇到过，但基础知识比较清楚，在头脑中稍加组织即可答上；哪些题只掌握大致的知识范围，若经过认真思帮才能粗略回答；哪些题自己根本不熟悉。须在考场上努力追忆，进行分析综合尚能确定解题思路。

在浏览试卷中，还要在头脑中酝酿答题策略。考场竞争的目标，主要是取得高分数，也就是要尽可能把自己掌握的知识巧妙地运用到每道题上去。那就要一边浏览试卷，一边在头脑中琢磨答题的顺序、方法和技巧等，为下一步的具体操作奠定基础。

三是不要忽视细枝末节。对试卷的浏览要做到深入细致，不可忽视一些细枝末节。如对试卷中的每一个符号、图表、图形等都要仔细观察，并要理解它们在题中出现的意义。把它作为解题的重要条件来思考，对争取高分有着不可低估的作用。

二、保持最佳记忆水平的策略

有的同学高考前复习很好，把课程的主要内容都记住了。但考试时觉得有些试题很熟悉，就是想不出答题的方法，交卷后不久就想起来了，有的急得直拍大腿。这是高考中的不良记忆状态所造成的。在应试中能否保持最佳的记忆水平，对高考有着重要的影响。一般说来，在高考中干扰记忆的因素有两个方面：一方面是情绪干扰，对考试没有底，常常会引起心理上的紧张焦急。遇到一些难题时会使紧张焦虑的强度不断增加，这样，就产生了抑制，对一些本来熟悉的内容也回忆不出来了。另一方面是定势干扰。思维定势，是一种心理惯性，是解题前的准备状态。在答卷时，想到一种本来不对的答案，可是考生头脑中反复出现这种答案，不再考虑其他答案。思维定势导致了答题的失败。

排除干扰回忆的方法很多，因考试时间有限，最好用以下两种方法：

一是适当地转移注意排除回忆干扰。当回忆受到干扰时，通过转移注意可以消除抑制，激活大脑皮层，使回忆顺利进行。例如答卷时遇到一道题做不出来，可先选会做的先做，待情绪平静后，再回过头来思考这道题，就会回忆起正确答案。古人"运笔不灵看莺舞，引文无序黄花开"的经验正说明了这个道理。

此外，还可以闭目休息一会儿，或想件高兴的事，这也是一种注意转移法。有人说，答卷遇到"山穷水尽疑无路"时，暂时转移一下注意，就会出现"柳暗花明又一村"的新局面。

二是适当地运用中介联想消除回忆干扰。高考时，利用中介联想也是消除回忆干扰，寻找所需知识的重要手段。

在答题的过程中，如果出现了暂时遗忘，可想一想和它相关的问题，也许这个问题会突然在脑海中出现了。

三、答卷的策略

怎样答卷，即应试操作，这里也有个技巧问题，它直接影响考分的高低。须注意以下几个问题：

一是要重排答题顺序。在高考中，多数同学都是按卷面题的自然顺序答题，有时遇到难题会浪费很多时间，结果会影响后面的问题的解答。

应该在统阅全卷的基础上，先答自己会做的题，把自己不会的题放到后面慢慢思考。这样就不会失云不该丢的分。

二是要注意答题的科学性。在答题前，要先审好题好试题要求回答什么知识，深思熟虑后再回答问题。

有的考生盲目求快，不加思考地解题，有时写了半天发现思路不对，于是大笔一挥全部抹掉又重新尝试回答。这样，不仅浪费了时间，而且还会增加焦虑情绪，影响考试的成绩。

因此，答题前要考虑知识的科学性，准确性，对试题的要求，解题思路，步骤等做到胸有成竹后再开始答题。这样，既加快了答题速度，又提高了答题效率。

三是要内容简明扼要。在高考中，不少考生答卷时所犯的通病是画蛇添足。因为他们知识掌握得不准确，竟采取撒大网的方法，一股脑儿地把自己了解的无论是有关还是无关的知识都写出来。他们有种侥幸心理，以为万一对了岂不更好。其实，每道题都有严格的评分标准，无休止的"锦上添花"只会起到消极的作用。

四是要考虑答题的逻辑性。要回忆出与试题有关的知识内容后，还有怎样对这些知识组织加工的问题。应以逻辑顺序来表达知识，可按照由表及里或由里及表的标准分层次来回答问题。这样，才能抓住采分点，获得高分数。

五是要保持卷面整洁。在高考中，卷面整洁会给评分者好印象，对评分有积极作用。

考生卷面的美感会影响评卷者对答卷的评价。整洁的卷面会引起评卷者的喜悦感，使其产生认知上的偏好，不知不觉地会提高评价，增加评定的分数。

怎样增加卷面的美感呢？

首先，高考答题时，试题答案分布力求整齐和谐，避免拥挤，松散或参差不齐等现象。

其次，字迹要工整，清洁，避免书写龙飞凤舞或涂改等现象。

再次，遇到图形或图表时，要借助直尺、圆规等工具，避免出现自由乱画的现象。

对于那些因几分之差决定取舍的考生，保持整洁的卷面更是有重要意义的。

作者简介

　　张嘉玮，东北师范大学教育科学学院心理学系教授。全国心理学会发展心理学专业委员会委员、中国家庭教育学会理事。出版著作《小学生心理发展特点》、《初中生心理发展特点》、《高中生心理发展特点》等33部，发表论文80余篇。主持完成全国教育科学规划办"九五"教育部重点课题"我国大中小学生心理健康及教育对策研究"，并获1998年度全国师范院校基础教育改革实验研究项目优秀成果一等奖。1993年起享受国务院颁发的政府特殊津贴。1996年获教育部、全国妇联颁发的全国家庭教育园丁奖。2001年获教育部、全国妇联授予的全国家庭教育工作园丁荣誉称号。